机械原理与设计

朱江宁　刘　婷　马红月 ◎ 著

吉林科学技术出版社

图书在版编目（CIP）数据

机械原理与设计 / 朱江宁，刘婷，马红月著. -- 长春 : 吉林科学技术出版社，2023.6

ISBN 978-7-5744-0645-2

Ⅰ. ①机… Ⅱ. ①朱… ②刘… ③马… Ⅲ. ①机械原理②机械设计 Ⅳ. ①TH111②TH122

中国国家版本馆 CIP 数据核字(2023)第 136523 号

机械原理与设计

著　　朱江宁　刘　婷　马红月
出 版 人　宛　霞
责任编辑　赵海娇
封面设计　金熙腾达
制　　版　金熙腾达
幅面尺寸　185mm×260mm
开　　本　16
字　　数　269 千字
印　　张　12
印　　数　1–1500 册
版　　次　2023年6月第1版
印　　次　2024年2月第1次印刷

出　　版　吉林科学技术出版社
发　　行　吉林科学技术出版社
地　　址　长春市福祉大路5788号
邮　　编　130118
发行部电话/传真　0431-81629529 81629530 81629531
81629532 81629533 81629534
储运部电话　0431-86059116
编辑部电话　0431-81629518
印　　刷　三河市嵩川印刷有限公司

书　　号　ISBN 978-7-5744-0645-2
定　　价　70.00元

前　言

随着人类社会的发展，机械出现在人们日常生活、生产、交通运输和科研等各个领域。人们希望机械能够最大限度地代替人的劳动，并产生更多、更好的劳动成果。机械产品能不能满足用户要求，在很大程度上取决于设计。设计是生产产品的第一道工序，是产品具有良好性能的首要保证。要想生产出好的产品，首先要有好的设计。如果设计水平不高，即使有很强的加工制造能力，也不可能生产出性能良好的机械产品。可见，机械设计是一项不可缺少的重要技术工作，在机械工程中占有十分重要的地位。当今，科学技术飞速发展推动着制造过程的机械化、自动化水平不断提高，机械产品的国际竞争也日益激烈，机械产品必须不断创新，质量不断提高，功能不断改进，才能更好地生存和发展。机械产品更新换代的周期将日益缩短，对机械产品在质量和品种上的要求将不断提高，这就对机械设计人员提出了更高的要求。而且我国是机械制造大国，机械制造企业对技术人员的要求已进入新阶段，设计者不仅应该拥有全面的机械设计理论知识和丰富的实践经验，而且为了适应新的社会发展需求，必须拓展和延伸更深层次的内容。

本书从机械机构的组成介绍入手，针对机械零件的设计、机械连接的设计以及机械轮结构的设计进行了分析研究；对机械自动化制造的控制系统、机械设计方法及其应用做了一定的介绍；还对机械设计的创新技术做了简要分析；旨在摸索出一条适合机械原理与设计工作创新的科学道路，帮助其工作者在应用中少走弯路，运用科学方法，提高效率。

由于作者水平和时间有限，书中难免有疏漏之处，望广大读者与同行批评指正。

目 录

第一章　机械机构的组成

第一节　平面机构的结构

一、机构结构分析的内容及目的

机构的结构分析研究的主要内容及目的如下：

1.研究组成机构的结构要素及机构运动简图的绘制方法，即研究如何用简单的图形表示机构的结构和运动状态。

2.了解机构具有确定运动的条件，然后判断机构是否具有确定的运动。机构要能正常工作，一般必须具有确定的运动，因而必须知道机构具有确定运动的条件。

3.研究机构的组成原理及结构分类。研究机构的组成原理，有利于新机构的创造，而根据组成原理，将各种机构进行分类，有利于对机构进行运动、动力分析和结构设计。

二、机构的组成

通常，机器是由机构组成的，而机构的设计常常是整个机器设计的第一步。因此，首先必须了解机构是怎样组成的，并对新设计的机构能否实现规定的运动做出准确的判断。

（一）构件

机器是由机构组成的，机构是一个构件系统，构件是作为一个整体参与机构运动的刚性单元，是机器中最小的运动单元。

一个构件可能是一个零件，也可能是几个零件的刚性连接的整体。曲轴就是一个零件，同时也是连杆机构中的一个构件；而连杆是一个构件，由连杆体、连杆头、轴瓦、螺栓、螺母等零件刚性连接而成的，如图1-1所示。零件是制造的最小单元。

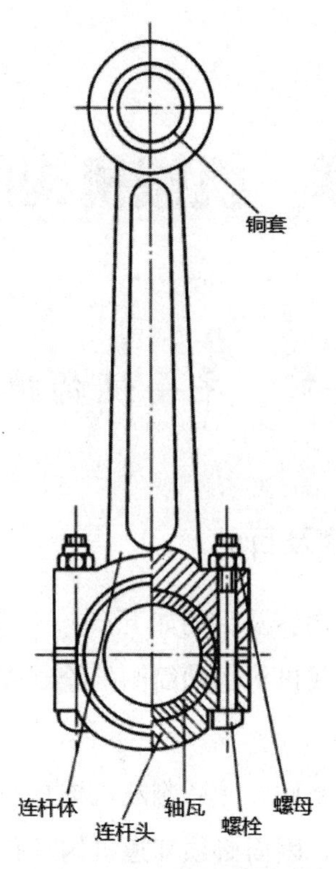

图1–1　内燃机连杆机构

（二）运动副

构件组成机构时，需要以一定的方式与其他构件相互连接。在两构件相互连接之后，互相之间仍须保留某些相对运动。这种由两个构件直接接触组成的可动连接，称为运动副。而两构件上能构成运动副的两接触表面称为运动副元素，如轴与轴承相互接触的圆柱面和圆孔表面即为两运动副元素。

根据组成运动副两构件间相对运动的位置分类，可将运动副分为平面运动副和空间运动副。

根据运动副两元素接触形式分类，可将平面运动副分为以下两类：

1.低副

两构件通过面接触而形成的运动副称为低副。根据组成低副两构件之间的相对运动的不同，将其分为以下两种：

（1）转动副两构件间只能做相对转动的运动副称为转动副（又称回转副或铰链）。例如，轴1与轴承2组成转动副（见图1-2）。

（2）移动副两构件只能做相对移动的运动副称为移动副。例如，滑块2和导轨1组成移动副（见图1-3）。

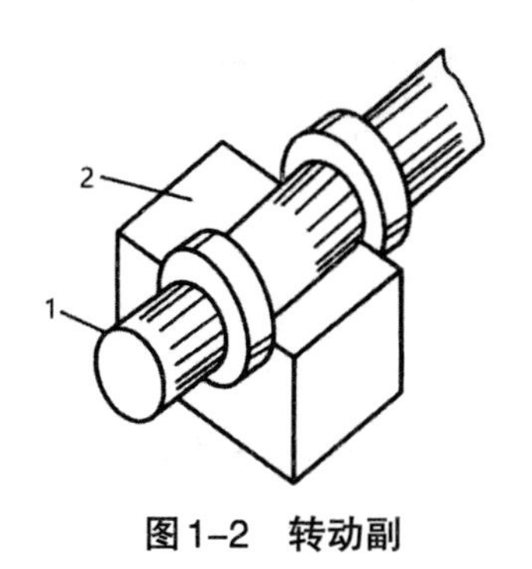

图1–2　转动副

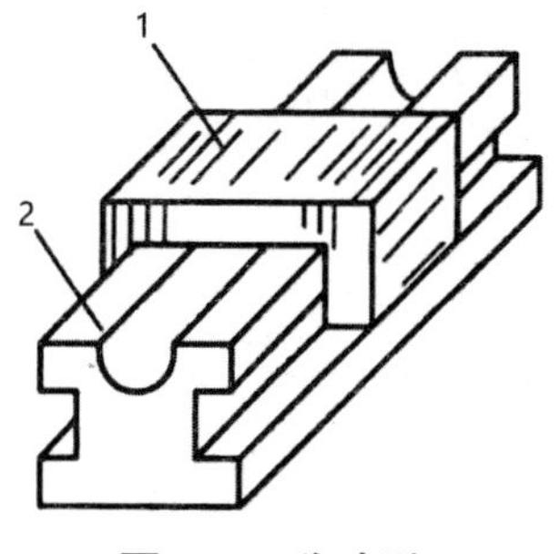

图1–3　移动副

2.高副

两构件通过点或线接触而形成的运动副称为高副。例如，齿轮齿廓接触组成的齿轮副（见图1-4）及凸轮轮廓与从动件端部之间的点或线接触所组成的凸轮副（见图1-5），它们组成的都是高副。

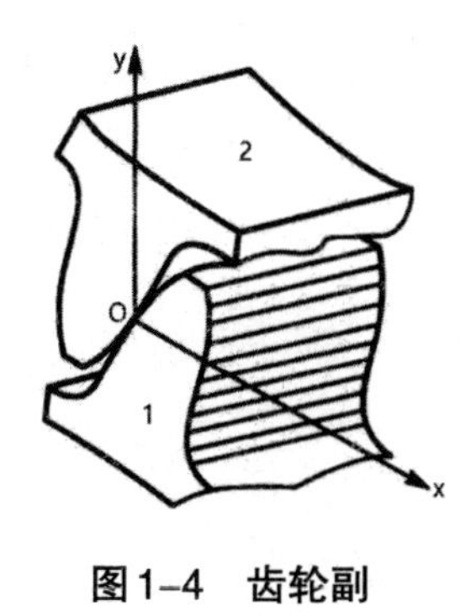

图1–4　齿轮副

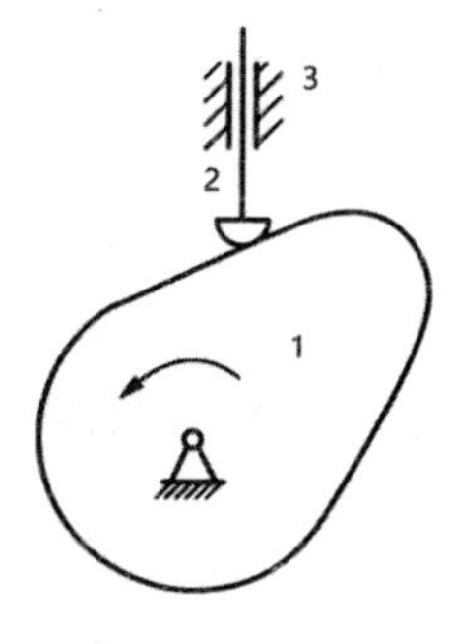

图1–5　凸轮副

（三）运动链和机构

1.运动链

把若干个构件用运动副连接起来所形成的相对可动的构件系统称为运动链。

根据运动链中各构件是否形成封闭图形（首尾两构件是否相连接），可将运动链分为闭式链和开式链两种。

（1）闭式链

运动链中各构件形成封闭图形（首尾两构件相互连接形成一个封闭可动系统），称为闭式链（见图1-6）。在一般机构中大多采用闭式链。

（2）开式链

运动链中各构件未形成封闭图形（首尾两构件不相互连接，形成一个非封闭可动系统），称为开式链（见图1-7）。在机器人和机械手机构中一般采用开式链。

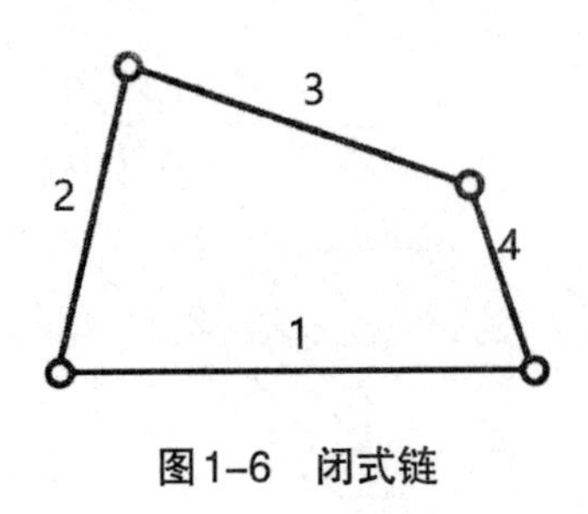

图1–6　闭式链

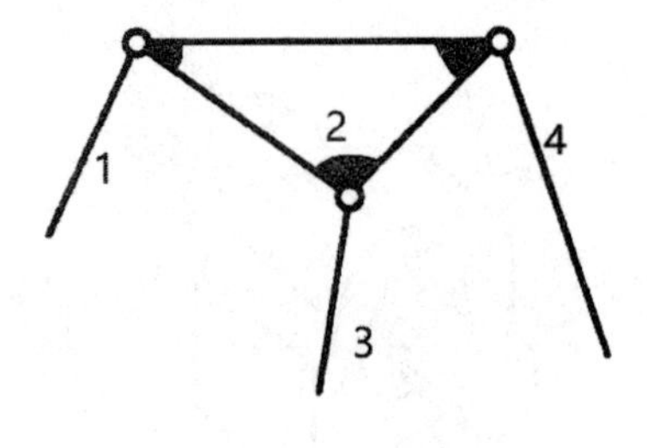

图1–7　开式链

2.机构

机构也是由若干个构件通过运动副连接起来形成的。与运动链的区别在于：机构中必须有一个固定的构件，称为机架。也就是说，在运动链中，将某一构件固定作为机架，这样运动链便成为机构。机架相对地面通常是固定不动的，但也可以是相对运动的，如安装在车、船或飞机等上面的机构的机架。当机构中一个或几个构件相对于机架按给定的运动规律做相对独立的运动时，该机构中的其余构件则随之按确定的规律运动。其中，按给定的运动规律独立运动的构件称为原动件（或主动件），其余随原动件运动的活动构件称为从动件。从动件的运动规律决定于原动件的运动规律、机构的结构和构件的尺寸。

三、平面机构运动简图

一般机构可分为平面机构和空间机构。当一个机构的所有构件均在同一平面或在几个相互平行的平面内运动时，称为平面机构；否则称为空间机构。

实际机构往往是由外形和结构都很复杂的构件组成的。但从运动的观点看，各种机构都是由构件通过运动副的连接而形成的，构件的运动取决于运动副的类型和机构的运动尺寸（确定各运动副相对位置的尺寸），而与构件的外廓形状、断面尺寸、组成构件的零件数目及其固联方式、运动副的具体构造等因素无关。因此，为了便于研究机构的运动，可以撇开构件、运动副的外形和具体构造，而只用简单的线条和标准化的符号，根据那些与运动有关的尺寸，并按一定的比例尺，即可绘制出机构运动简图，以此作为机构运动分析的基础。

为了工作的方便，在对现有机械进行分析或设计新机械时，首先必须绘出能表明机械运动特征及运动传递情况的机构运动简图。

在绘制机构运动简图时，首先要分析清楚机构的构造和运动传递情况，搞清楚该机构是由多少个构件所组成的，各构件之间相互连接所用运动副的类型，以及各构件之间的相对运动情况。

机构是由构件和运动副组成的，要绘制机构运动简图，首先要明确怎样用简单的线条和符号来表示构件和运动副。

四、机构具有确定运动的条件

为了使机构能按照一定的要求进行运动的传递和变换，当机构的原动件按给定的运动规律运动时，该机构中其余构件的运动应该是完全确定的。要使机构具有确定运动，就必须给定恰当的有独立运动规律的构件数目。这个使机构具有确定运动时所必须给定的独立运动规律的构件数目，就称为机构的自由度。

机构中按照给定的运动规律运动的构件称为机构的原动件。由于原动件通常都是和机架通过低副相连的，因此一个原动件一般只能给定一个独立的运动规律。所以，机构具有确定运动的条件为：机构的原动件数目应等于机构的自由度数目。

五、平面机构的自由度计算

（一）构件、运动副、约束和自由度的关系

两构件间的运动副所起的作用是限制构件间的相对运动，使相对运动自由度的数目减少，从而使某些相对运动不可能产生，这种限制称为约束（s）。而仍保留的相对运动称为自由度（F）。至于具体约束了哪些相对运动，则与它们所构成的运动副的类型有关。如转动副（见图1-8）只保留了绕x轴的转动，而移动副（见图1-9）保留了沿x轴的移动，由此可见，一个低副引入2个约束，只剩1个自由度；高副（见图1-10和图1-11）约束了沿接触点处公法线$n—n$方向的相对移动，保留了沿接触点处公切线$t—t$方向的相对移动和绕接触点处公法线$n—n$上某点（构件1、2的瞬心）的相对转动。可见，一个高副只引入1个约束，有2个自由度。

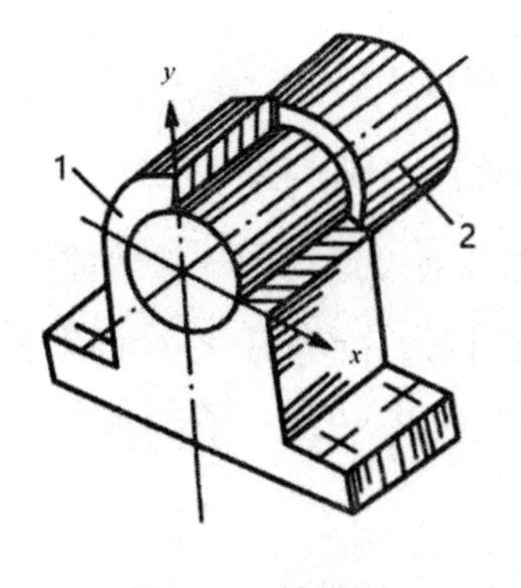

图1-8　转动副

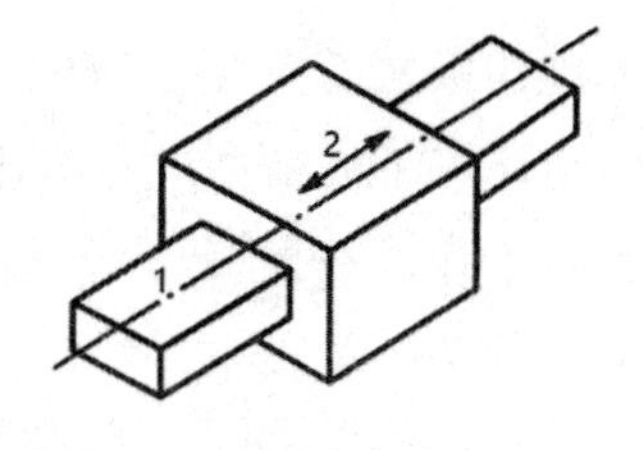

图1-9　移动副

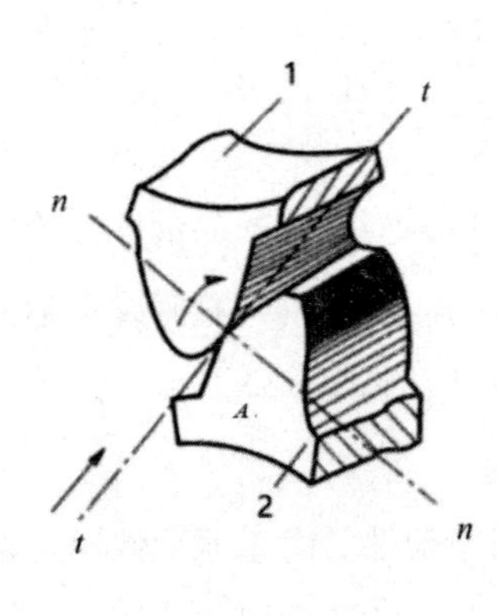

图1-10　高副

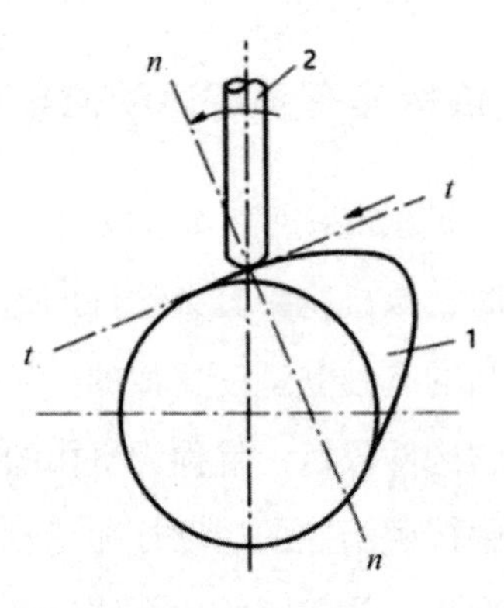

图1-11　高副

一个做平面运动而不受任何约束的构件（刚体），具有3个自由度。设有任意两构件1与2（见图1-12），构件2固定于平面坐标系xOy上，当两构件尚未通过运动副连接之前，在该坐标系中，构件1相对于构件2能产生3个独立的相对运动，即沿x轴和y轴的移动及绕垂直xOy平面的任意轴线的转动。平面运动的构件运动副的自由度和约束的关系为

$$F=3-s \quad \text{（式 1-1）}$$

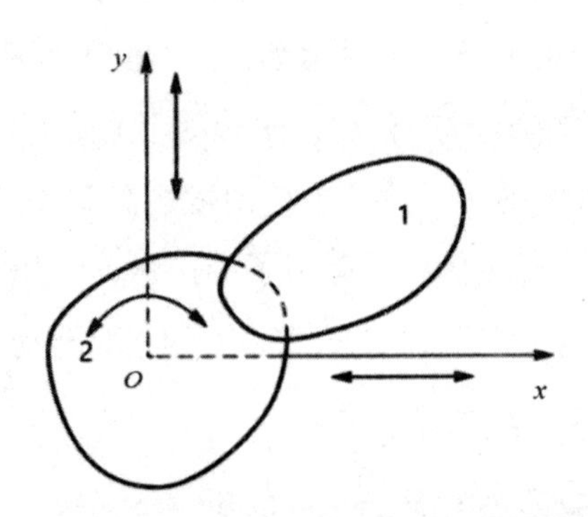

图1-12　构件做平面运动的自由度

现设一个平面机构共有n个活动构件（固定不动的机架不应计算在内），这些构件尚未通过运动副连接之前，共有$3n$个自由度。如果将构件通过运动副连接组成一个机构，设该机构中共含P_L个低副和P_H个高副，由于一个低副引入2个约束，一个高副引入1个约束，那么它们共引入（$2P_L+P_H$）个约束，即机构失去了（$2P_L+P_H$）个自由度，于是该机构的自由度为

$$F=3n-(2P_L+P_H) \quad \text{（式 1-2）}$$

此即一般平面机构自由度的计算公式。

（二）计算平面机构自由度时应注意的事项

欲使机构具有确定的运动，则其原动件的数目必须等于该机构的自由度的数目。自由度的计算结果直接影响给定的原动件的数目。因此，一定要正确计算机构的自由度，否则计算结果往往会发生错误。现将应注意的主要事项简述如下：

1.复合铰链

如图1-13（a）所示机构，B处存在两个转动副，由于视图的关系，它们重叠在一起，3个构件构成2个重叠的铰链，实际情况如图1-13（b）所示。实际上，2个构件可以构成1个铰链，3个构件可以构成2个铰链，4个构件可以构成3个铰链……依此类推，由m个构件在某处构成复合铰链时，其转动副的数目应等于（m–1）个，这种由两个以上的构件在同一处接触构成的转动副称为复合铰链。在计算自由度时，应该注意到这类情形，正确计算机构自由度。

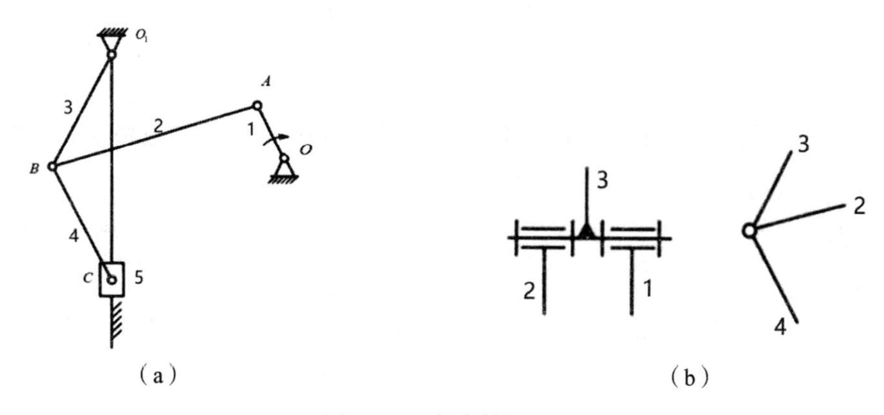

图1–13　复合铰链

该机构共有5个活动构件（$n=5$），7个低副（6个转动副，1个移动副，$P_L=7$），没有高副（$P_H=0$），根据公式$F=3n-(2P_L+P_H)$，机构自由度为

$$F=3n-2P_L-P_H=3\times5-2\times7=1 \quad \text{（式 1-3）}$$

2.局部自由度

在计算如图1-14（a）所示机构的自由度时，按公式$F=3n-(2P_L+P_H)$计算自由度为

$$F=3n-2P_L-P_H=3\times3-2\times3-1=2 \quad \text{（式 1-4）}$$

而此计算结果与实际情况不符。实际上当凸轮2为原动件时，推杆4的位置是随着2的位置唯一变化的，即取一个构件为原动件时，机构便具有确定的运动，也就是说机构的自由度为1。

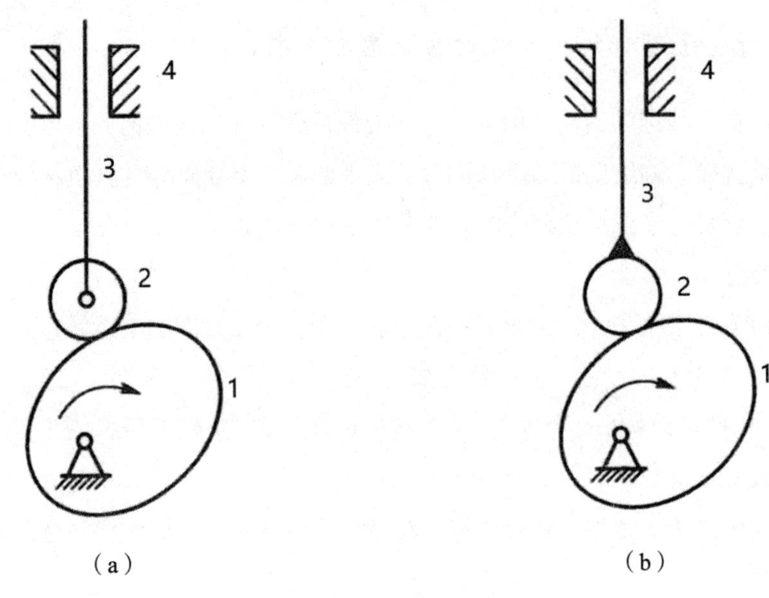

图1–14　凸轮机构

原因在于：凸轮机构中的滚子2只是为了减少高副元素的磨损而设计的，滚子2绕自身轴线的旋转并不影响整个机构的运动，所以在计算机构自由度时应将其除去不计，把滚子视为与推杆焊接在一起且不能转动的，如图1-14（b）所示。

像这种机构中某个或几个构件的局部运动并不影响其他构件间的相对运动的情况，称为“局部自由度”。

在计算整个机构的自由度时，应将局部自由度预先除去不计。

3.虚约束

对机构的运动不起实际约束作用的约束称为虚约束。在某些机构中，为了增加实际机构的稳定性、改善构件的受力情况或使机构运动顺利，避免运动不确定，常常引入一些虚约束。这种运动副引入的约束对机构的运动只起重复约束的作用，在计算机构的自由度时应将虚约束除去不计。

如图1-15所示机构中，如果按公式$F=3n-(2P_L+P_H)$计算，机构的自由度为

$$F=3n-2P_L-P_H=3\times3-2\times5=-1 \quad （式1-5）$$

很显然，在计算机构自由度时出现了问题。构件3与机架4用两个移动副D、D'连接，其导路重合，计算机构自由度时，应仅考虑一个移动副，另一个为虚约束，正确的计算应为

$$F=3n-2P_L-P_H=3\times3-2\times4=1 \quad （式1-6）$$

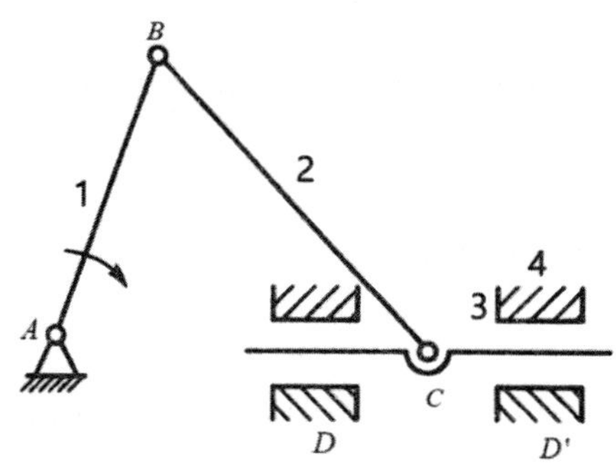

图1-15　移动副虚约束

平面机构中常见的虚约束有以下四种情况：

（1）两构件在多处接触构成导路互相平行或重合的多个移动副或轴线相同的多个转动副。

（2）两活动构件上某两点间的距离始终保持不变时，若用具有两个转动副的构件双副杆连接这两个点，则将引入一个虚约束。

（3）在机构运动中，某些不影响机构运动传递的重复部分或起重复限制作用的对称部分所引入的约束亦为虚约束。

（4）两构件构成高副，两处接触，且法线重合，则引入了一个虚约束，如图1-16所示的等宽凸轮机构，在实际的运动分析中，只要考虑一处约束就可以了。

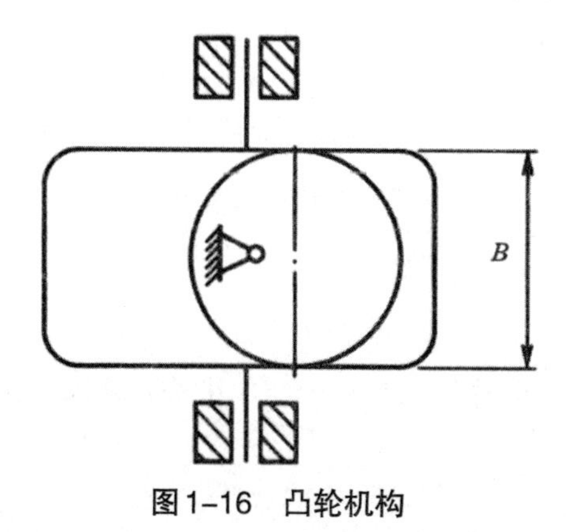

图1-16　凸轮机构

设计时，从保证机构运转灵活和便于加工、装配角度出发，若无特殊需要，应尽量减少机构中的虚约束。

最后，关于虚约束须明确两点：一是虚约束只是在计算机构的自由度时才去掉不计，而在机构中往往是必需的；二是虚约束都是在一定的几何条件下存在的，如果由于加工、装配误差或零件变形等而导致理论的虚约束条件不能满足时，则虚约束就会转化为实际约束，而使机构被卡住，不能正常运动，因此在加工有虚约束存在的机构中的零部件时以及在装配机构的过程中，都必须保证较高的精度。

六、平面机构的组成原理、结构分类及结构分析

（一）平面机构的组成原理

机构可看成由机架、原动件和从动件系统三个部分组成。将具有确定运动的机构（原动件数等于自由度数）的机架和原动件除去后，余下的从动件系统应是自由度为零的构件组。最简单的、不可再分的、自由度为零的构件组称为基本杆组，或称为阿苏尔杆组。

根据公式$F=3n-(2P_L+P_H)$，组成平面机构的基本杆组应满足条件

$$F=3n-2P_L-P_H=0 \tag{式 1-7}$$

如果基本杆组的运动副全部为低副，则上式可变为$F=3n-2P_L=0$或$n=2P_L/3$，最简单的平面基本杆组是由2个构件和3个低副组成的，称为Ⅱ级杆组。

机构的组成可以看作是机构拆分的逆过程，由此可以得出机构的组成原理：任何机构都可看成是由若干个基本杆组依次连接到原动件和机架上所组成的系统。

在同一机构中可包含不同级别的基本杆组，我们把机构中所包含的基本杆组的最高级数作为机构的级数，这就是机构的结构分类方法。

（二）平面机构的结构分析

机构结构分析就是将已知机构分解为原动件、机架和若干个基本杆组，进而了解机构的组成，并确定机构的级别。机构结构分析的步骤如下：

1.计算机构的自由度并确定原动件。

2.拆杆组：从远离原动件的构件开始拆杆组，先试拆Ⅱ级组，若不成，再拆Ⅲ级组，每拆出一个杆组后，留下的部分仍应是一个与原机构有相同自由度的机构，直至全部杆组拆出而只剩下原动件和机架为止。

3.确定机构的级别。

（三）平面机构的高副低代

为了将低副机构的结构分析与运动分析方法用于含高副的平面机构，可按一定约束条件将高副虚拟地用低副代替，称为高副低代，它表明了平面高副与低副之间的内在联系。

高副低代的条件如下：

1.代替前后机构的自由度完全相同。

2.代替前后机构的运动状况（位移、速度、加速度）相同。

高副低代的关键是找出构成高副的两轮廓曲线在接触点处的曲率中心，然后用一个构

件和位于两个曲率中心的两个转动副来代替该高副，如图1-17所示。

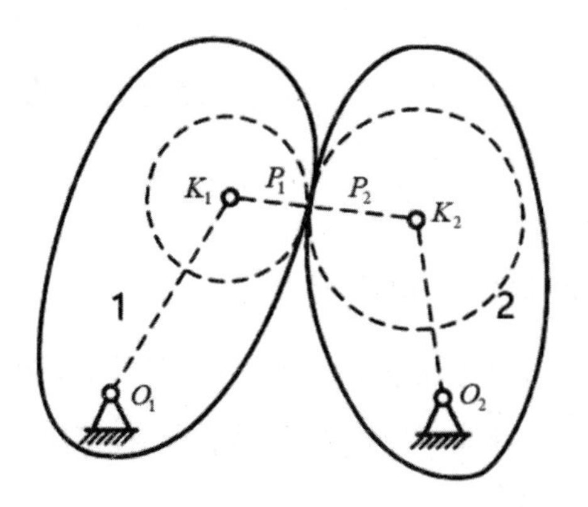

图1–17　高副低代

高副低代有以下两种特殊情况：

1. 如果两接触轮廓之一为直线，则以移动副替代高副，如图1-18所示。

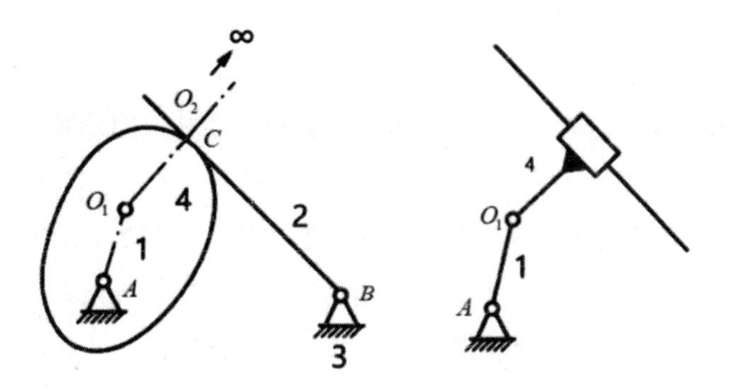

图1–18　两接触轮廓之一是直线的情况

2. 若两接触轮廓之一为一点，其替代方法如图1-19所示。

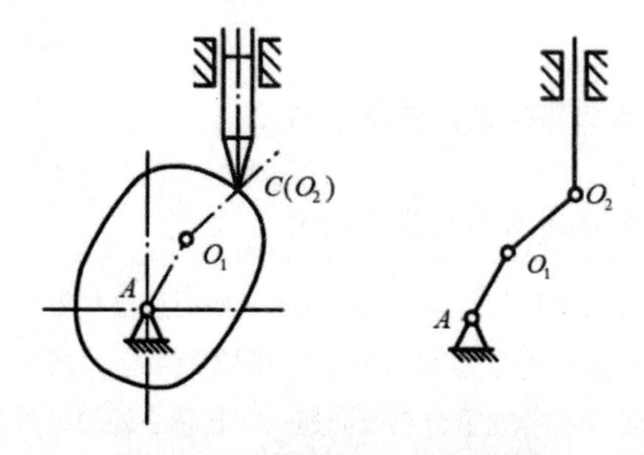

图1–19　两接触轮廓之一是点的情况

第二节　平面机构的运动

一、机构运动分析的任务、目的和方法

平面机构运动分析的任务是指在已知原动件运动规律和机构尺寸的前提下，确定机构中其余构件上某些点的位移、速度、加速度以及这些构件的角位移、角速度和角加速度。

机构运动分析的目的有以下三点：

1.确定从动件的行程，求解机构中某构件或构件上某些点能否实现位置或轨迹要求；确定机构的运动空间，判断它们运动时是否相互干涉。

2.求解机构中某些构件上的速度、加速度，了解机构的工作性能。机构中各构件上某些点的速度和加速度是机构运动性能的重要指标。

3.为力分析奠定基础。在高速、重型机械中，构件的惯性力较大，这对机械的强度、振动和动力性能都有较大影响。通过加速度分析，可为惯性力的计算提供加速度数据，为动力计算提供基础数据。

机构运动分析的方法很多，主要有图解法、解析法和实验法。图解法主要应用于需要简洁直观地了解机构的某个或某几个位置的运动特性时，操作方便，而且精度也能满足实际问题的要求，图解法中又包括速度瞬心法和相对运动图解法。解析法主要应用于当需要精确地了解机构在整个运动循环过程中的运动特性时，解析法须借助计算机，可获得很高的计算精度及一系列位置的分析结果，并能绘出机构相应的运动线图。同时，还可以把机构分析和机构综合问题联系起来，便于机构的优化设计。实验法应用于对已有机械的运动性能进行研究。

二、用速度瞬心法对机构进行速度分析

（一）速度瞬心的概念及其位置的确定

由理论力学可知，互做平面相对运动的两构件上瞬时速度相等的重合点，即为此构件的速度瞬心，简称瞬心。常用符号P_{ij}表示构件i、j间的瞬心。这两个构件在该重合点处的绝对速度相等，所以瞬心又称等速重合点或同速点。若瞬心处的绝对速度为零，则该瞬心称为绝对瞬心，否则称为相对瞬心。

如图1-20所示，构件1、2做平面相对运动，两构件在重合点A处的相对速度为vA_2A_1，在重合点B处的相对速度为v_{B2B1}，两相对速度垂直线的交点为两构件的瞬心P_{12}。

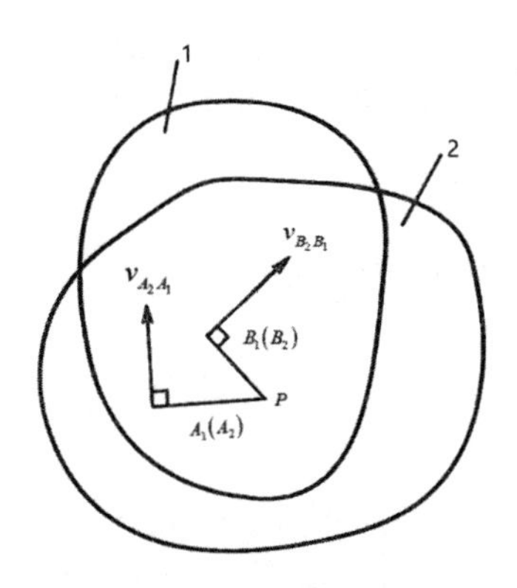

图1-20　速度瞬心的概念

若两构件1、2都在运动，P_{12}为相对速度瞬心。

如有一构件固定不动，P_{12}为绝对速度瞬心。

因为机构中每两个构件间就有一个瞬心，故由个构件（含机架）组成的机构的瞬心总数，根据排列组合的知识可知

$$K = C_N^2 = \frac{N(N-1)}{2}$$

各瞬心位置的确定方法如下：

对于平面机构来说，每两个构件之间有一个瞬心，可以把两构件形成的瞬心分成两种类型：一种是两构件直接通过运动副连接的瞬心，另一种是两构件之间没有用运动副连接时的瞬心。

两构件直接通过运动副连接的瞬心位置确定。

这种情况有三种：两构件间通过转动副、移动副及高副连接时的瞬心的位置确定。两构件间通过转动副连接时瞬心的位置就在转动副的中心处；两构件间通过移动副连接时的瞬心位于垂直于导路方向的无穷远处；两构件间通过高副连接时，当高副两元素做纯滚动时瞬心就在接触点处；当高副两元素间有相对滑动时，则瞬心在过接触点两高副元素的公法线上，至于具体位于公法线上的哪一点，还需要由其他条件来确定。

对于两构件没有直接接触或两构件之间没有用运动副连接时，其瞬心位置可借助三心定理来确定。所谓三心定理，即互做平面运动的3个构件有3个瞬心，该3个瞬心一定位于同一直线上。因为只有3个瞬心位于同一直线上，才有可能满足瞬心为等速重合点的条件。

（二）利用速度瞬心法进行机构的速度分析

利用速度瞬心对某些平面机构进行速度分析既直观又方便。

利用瞬心法进行速度分析的优缺点如下：

利用瞬心对某些平面机构，特别是平面高副机构，进行速度分析是比较简便的。但

是，如果是多杆机构，则由于瞬心数目很多，因而将使速度分析问题复杂化，而且有些瞬心的位置往往位于图面之外，致使求解产生困难。另外，利用速度瞬心只限于对机构进行速度分析，而当需要对机构进行加速度分析时，只利用速度瞬心则是无能为力的。

三、用矢量方程图解法做机构的运动分析

矢量方程图解法，又称相对运动图解法，其所依据的基本原理是理论力学中的运动合成原理。具体内容如下：

第一，点的绝对运动是牵连运动和相对运动的合成。

第二，刚体的平面运动是随基点的牵连运动和绕基点的相对转动的合成。

在对机构进行速度和加速度分析时，首先要根据运动合成原理列出机构运动的矢量方程，然后再按方程作图求解。

进行机构的运动分析时，常遇到两类问题：一类是已知某个构件上一点的速度和加速度，求该构件上另外一点的速度和加速度；另一类是两个做平面相对运动的构件之间，存在一个速度和加速度的瞬时重合点，其中一个构件在这个重合点处的速度和加速度是已知的，求解另外一个构件在该点处的速度和加速度。

下面讨论在机构运动分析中常遇到的两种不同情况，说明矢量方程图解法的基本做法。

（一）利用同一构件上两点间的运动矢量方程做机构的速度、加速度的图解分析

如图1-21所示的做平面运动的刚体，已知基点A的速度v_A，则刚体上任意一点B的速度为

$$\boldsymbol{v}_B=\boldsymbol{v}_A+\boldsymbol{v}_{BA} \tag{式 1-8}$$

式中，v_A为A点的绝对速度（牵连运动速度），方向已知。v_B为B点的绝对速度，方向未知。$v_{BA}=\omega l_{AB}$，是B点相对于A点的相对速度，其方向垂直于AB。

同一构件上两点之间的运动关系可概括为牵连运动为移动，相对运动是转动的运动关系。

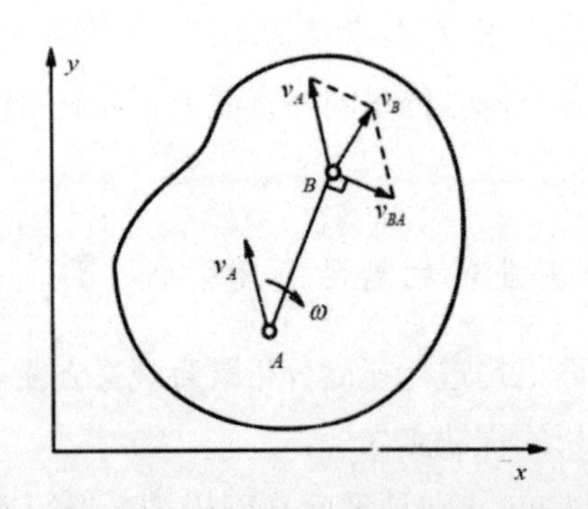

图1–21　同一构件上两点之间的速度关系

B点与A点之间的加速度关系可以表达如下：

$$\boldsymbol{a}_B=\boldsymbol{a}_A+\boldsymbol{a}_{BA}^n+\boldsymbol{a}_{BA}^t \quad \text{（式 1-9）}$$

式中，$a_{BA}^n=\dfrac{v_{BA}^2}{l_{AB}}=\omega^2 l_{AB}$，是$B$点相对于$A$点的相对法向加速度，其方向由$B$指向$A$。$a_{BA}^t=\alpha l_{AB}$，是$B$点相对于$A$点的相对切向加速度，其方向垂直于$A$、$B$两点的连线。、分别为该构件的角速度和角加速度。

（二）利用两构件重合点间的运动矢量方程做机构的速度及加速度的图解分析

与前一种情况不同，此处所研究的是以移动副相连的两转动构件上的重合点间的速度及加速度之间的关系，因而所列出的机构运动矢量方程也有所不同，但做法却基本相似。

四、用解析法做机构的运动分析

用解析法对平面机构进行运动分析的过程如下：

第一，建立机构的位置方程式。

第二，将位置方程式对时间求一次和二次导数。

这样就可以列出机构的速度和加速度方程，进而解出所需位移、速度及加速度，完成机构的运动分析。

但由于在建立和推导机构的位置、速度和加速度方程时所采用的数学工具不同，解析法有好多种。这里将介绍两种比较容易掌握，且便于应用的解析方法——矢量方程解析法和矩阵法，前一种方法可利用计算器求解，而后一种方法可方便地运用标准计算程序或方程求解器等软件包来求解，但须借助计算机才能求解。

由于这两种方法对机构做运动分析时，均须列出机构的封闭矢量方程式，故先介绍机构的封闭矢量方程式。

（一）矢量方程解析法

1.矢量分析的有关知识

用矢量方程解析法做机构的运动分析时，机构的各构件均用矢量来表示，如图1-22所示，构件的杆矢量为l，即$\boldsymbol{l}=\overline{OA}$，其单位矢量、切向单位矢量及法向单位矢量分别表示为e、e^t、en，x、y轴的单位矢为i和j，则有下列关系：

$$\boldsymbol{l}=\boldsymbol{l}\angle\theta=\boldsymbol{e}=\boldsymbol{l}(\boldsymbol{i}\cos\theta+\boldsymbol{j}\sin\theta) \quad \text{（式 1-10）}$$

$$\boldsymbol{e}=\boldsymbol{e}\angle\theta=\boldsymbol{i}\cos\theta+\boldsymbol{j}\sin\theta \quad \text{（式 1-11）}$$

$$\boldsymbol{e}^t=\boldsymbol{e}'=\mathrm{d}\boldsymbol{e}/\mathrm{d}\theta=-\boldsymbol{i}\sin\theta+\boldsymbol{j}\cos\theta \quad \text{（式 1-12）}$$

$$e^n = \left(e^t\right)' = e'' = \mathrm{d}^2 e / \mathrm{d}\theta^2 = -i\cos\theta - j\sin\theta = -e \quad \text{（式 1-13）}$$

杆矢量l对时间t的一次和二次导数 $\mathrm{d}l / \mathrm{d}t = l\mathrm{d}e / \mathrm{d}t = le' = \theta' le^t$

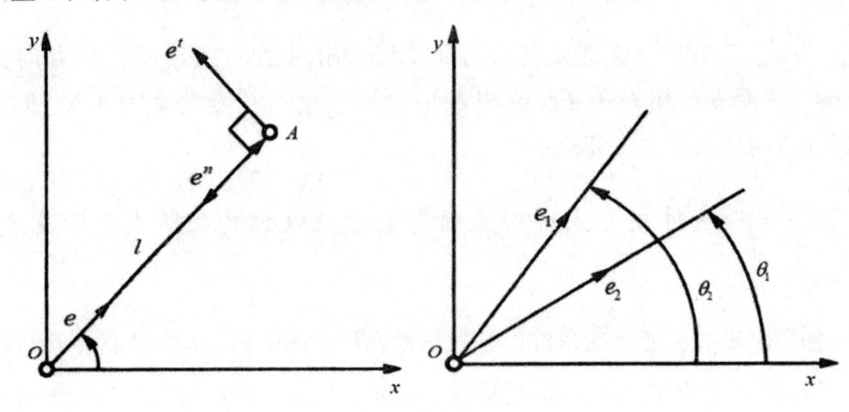

图1–22　矢量方程解析法

则

$$v_{AO} = \omega l e^t \quad \text{（式 1-15）}$$

$$\mathrm{d}^2 l / \mathrm{d}t^2 = l\mathrm{d}^2 e / \mathrm{d}t^2 = l\ddot{e} = \theta l e^t + \dot{\theta}^2 l e^n \quad \text{（式 1-16）}$$

即

$$a_{AO} = a_{AO}^t + a_{AO}^n = \alpha l e^t + \omega^2 l e^n \quad \text{（式 1-17）}$$

常用的矢量运算关系：

$$e_1 \cdot e_2 = \cos\alpha_{12} = \cos\left(\theta_2 - \theta_1\right) \quad \text{（式 1-18）}$$

$$e \cdot i = e_i = \cos\theta \quad \text{（式 1-19）}$$

$$e \cdot e = e^2 = 1 \quad \text{（式 1-20）}$$

$$e \cdot e^t = 0 \quad \text{（式 1-21）}$$

$$e \cdot e^n = -1 \quad \text{（式 1-22）}$$

$$e_1 \cdot e_2^{\mathrm{t}} = -\sin\left(\theta_2 - \theta_1\right) \quad \text{（式 1-23）}$$

$$e_1 \cdot e_2^{\mathrm{n}} = -\cos\left(\theta_2 - \theta_1\right) \quad \text{（式 1-24）}$$

2.矢量方程解析法

如图1-23所示平面四杆机构，设已知各构件的尺寸及原动件l的方位角θ_1和等角速度ω_1，试分析其位置、速度和加速度。其分析的方法和步骤如下：

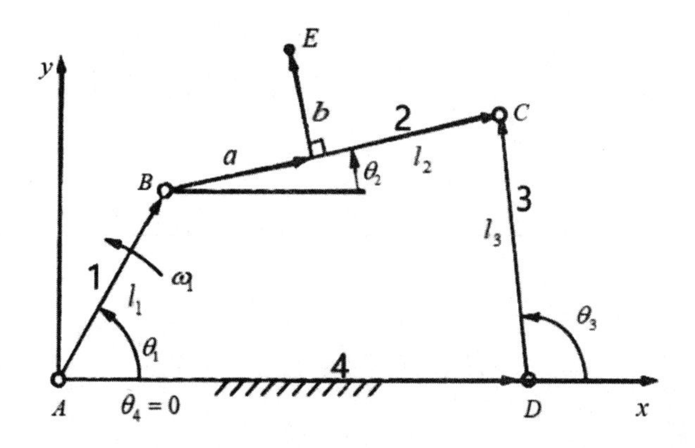

图1-23 用解析法对平面四杆机构进行运动分析

先建立直角坐标系，并将各构件表示为杆矢量。

（1）位置分析

写出构件的矢量封闭方程为

$$l_1 + l_2 = l_3 + l_4$$

由上式可求得两未知方位角θ_2、θ_3，为求θ_3须消去θ_2，故将上式改写并各自点积为

$$l_2 \cdot l_2 = (l_3 + l_4 - l_1)\cdot(l_3 + l_4 - l_1)$$
$$= l_3^2 + l_4^2 + l_1^2 = 2l_3 l_4 \cos\theta_3 - 2l_3 l_1 \cos(\theta_3 - \theta_1) - 2l_4 l_1 \cos\theta_1$$

经整理并简化为

$$A\sin\theta_3 + B\cos\theta_3 + C = 0$$

式中：

$$A = 2l_1 l_3 \sin\theta_1$$
$$B = 2l_3 (l_1 \cos\theta_1 - l_4)$$
$$C = l_2^2 - l_1^2 - l_3^2 - l_1^2 + 2l_1 l_4 \cos\theta_1$$

解之可得

$$\tan(\theta_3 / 2) = \left(A \pm \sqrt{A^2 + B^2 - C^2}\right) / (B - C)$$

求得θ_3后，可求得θ_2。

（2）速度分析

将公式$l_1 + l_2 = l_3 + l_4$对t求导，则有

$$\dot{\theta}_3 l_3 e_3^t = \dot{\theta}_1 l_1 e_1^t + \dot{\theta}_2 l_2 e_2^t$$

即$\boldsymbol{v}_C = \boldsymbol{v}_B + \boldsymbol{v}_{CB}$

为求ω_3，应消去θ_2，故用e_2点积上式，则有

$$\dot{\theta}_3 l_3 \boldsymbol{e}_3^{\mathrm{t}} \boldsymbol{e}_2 = \dot{\theta}_1 l_1 \boldsymbol{e}_1^{\mathrm{t}} \boldsymbol{e}_2$$

有

$$\omega_3 l_3 \sin(\theta_3-\theta_2)=\omega_1 l_1 \sin(\theta_1-\theta_2)$$

即

$$\omega_3=\omega_1 l_1 \sin(\theta_1-\theta_2)/l_3 \sin(\theta_3-\theta_2)$$

同理，用e_3点积上式，得

$$\omega_2=-\omega_1 l_1 \sin(\theta_1-\theta_3)/l_2 \sin(\theta_2-\theta_3)$$

（3）加速度分析

将公式$\dot{\theta}_3 l_3 \boldsymbol{e}_3^{\mathrm{t}} \boldsymbol{e}_2=\dot{\theta}_1 l_1 \boldsymbol{e}_1^{\mathrm{t}} \boldsymbol{e}_2$对$t$求导，则有

$$\dot{\theta}_3^2 l_3 e_3^{\mathrm{n}}+\ddot{\theta} l_3 e_3^{\mathrm{t}}=\dot{\theta}_1^2 l_1 e_1^{\mathrm{n}}+\dot{\theta}_2^2 l_2 e_2^{\mathrm{n}}+\theta_2 l_2 \dot{\boldsymbol{e}}_2^{\mathrm{r}}$$

即为

$$\boldsymbol{a}_c^n+\boldsymbol{a}_c^t=a_B+\boldsymbol{a}_{CB}^n+\boldsymbol{a}_{CB}^t$$

为求$\ddot{\theta}_3$，应消去$\ddot{\theta}_2$，故用e_2点积上式，得

$$-\omega_3^2 l_3 \cos(\theta_3-\theta_2)-\alpha_3 l_3 \sin(\theta_3-\theta_2)=-\omega_1^2 l_1 \cos(\theta_1-\theta_2)-\omega_2^2 l_2$$

即

$$\alpha_3=\frac{\omega_1^2 l_1 \cos(\theta_3-\theta_2)+\omega_2^2 l_2-\omega_3^2 l_3 \cos(\theta_3-\theta_2)}{l_3 \sin(\theta_3-\theta_2)}$$

同理

$$\alpha_2=\frac{\omega_1^2 l_1 \cos(\theta_1-\theta_3)+\omega_2^2 l_2 \cos(\theta_2-\theta_3)}{l_2 \sin(\theta_2-\theta_3)}$$

（二）矩阵法

仍以图1-23四连杆机构为例，已知各构件的尺寸及原动件1的方位角θ_1和等角速度ω_1，现用矩阵法对其位置、速度和加速度分析如下：

先建立坐标系，并标出各个矢量及方位角，即可写出该机构矢量封闭方程为

$$l_1+l_2=l_3+l_4$$

（1）位置分析

将该机构的位置方程式写成如下形式：

$$\begin{aligned}l_2\cos\theta_2-l_3\cos\theta_3&=l_4-l_1\cos\theta_1\\ l_2\sin\theta_2-l_3\sin\theta_3&=-l_1\sin\theta_1\end{aligned}$$

解此方程即可求得两个未知方位角θ_2、θ_3。

（2）速度分析

将式$l_2\sin\theta_2 - l_3\sin\theta_3 = -l_1\sin\theta_1$对$t$求导，可得

$$-l_2\omega_2\sin\theta_2 + l_3\omega_3\sin\theta_3 = \omega_1 l_1\sin\theta_1$$
$$l_2\omega_2\cos\theta_2 - l_2\omega_3\cos\theta_3 = -l_1\omega_1\cos\theta_1$$

上式可写成矩阵形式：

$$\begin{bmatrix} -l_2\sin\theta_2 & l_3\sin\theta_3 \\ l_2\cos\theta_2 & -l_3\cos\theta_3 \end{bmatrix}\begin{bmatrix} \omega_2 \\ \omega_3 \end{bmatrix} = \omega_1\begin{bmatrix} l_1\sin\theta_1 \\ -l_1\cos\theta_1 \end{bmatrix}$$

解之可求得ω_2和ω_3。

（3）加速度分析

将式$l_2\omega_2\cos\theta_2 - l_2\omega_3\cos\theta_3 = -l_1\omega_1\cos\theta_1$对$t$求导，可得加速度关系：

$$\begin{bmatrix} -l_2\sin\theta_2 & l_3\sin\theta_3 \\ l_2\cos\theta_2 & -l_3\cos\theta_3 \end{bmatrix}\begin{bmatrix} \alpha_2 \\ \alpha_3 \end{bmatrix} = -\begin{bmatrix} -\omega_2 l_2\cos\theta_2 & l_3\sin\theta_3 \\ -\omega_2 l_2\sin\theta_2 & \omega_3 l_3\sin\theta_3 \end{bmatrix}\begin{bmatrix} \omega_2 \\ \omega_3 \end{bmatrix} + \omega_1\begin{bmatrix} \omega_1 l_1\cos\theta_1 \\ \omega_1 l_1\sin\theta_1 \end{bmatrix}$$

解之可求得α_2和α_3。

现在求连杆上任一点E的位置、速度和加速度：

$$x_E = l_1\cos\theta_1 + a\cos\theta_2 + b\cos\left(90^\circ + \theta_2\right)$$
$$y_E = l_1\sin\theta_1 + a\sin\theta_2 + b\sin\left(90^\circ + \theta_2\right)$$

$$\begin{bmatrix} v_{pu} \\ v_{py} \end{bmatrix} = \begin{bmatrix} \dot{x}_E \\ \dot{y}_E \end{bmatrix} = \begin{bmatrix} -l_1\sin\theta_1 & -a\sin\theta_2 - b\sin\left(90^\circ + \theta_2\right) \\ l_1\cos\theta_1 & a\cos\theta_2 + b\cos\left(90^\circ + \theta_2\right) \end{bmatrix}\begin{bmatrix} \omega_1 \\ \omega_2 \end{bmatrix}$$

$$\begin{bmatrix} a_{px} \\ a_{py} \end{bmatrix} = \begin{bmatrix} \ddot{x}_E \\ \ddot{y}_E \end{bmatrix} = \begin{bmatrix} -l_1\sin\theta_1 & -a\sin\theta_2 - b\sin\left(90^\circ + \theta_2\right) \\ l_1\cos\theta_1 & a\cos\theta_2 + b\cos\left(90^\circ + \theta_2\right) \end{bmatrix}\begin{bmatrix} 0 \\ \alpha_2 \end{bmatrix}$$
$$-\begin{bmatrix} l_1\cos\theta_1 & a\cos\theta_2 + b\cos\left(90^\circ + \theta_2\right) \\ l_1\sin\theta_1 & a\sin\theta_2 + b\sin\left(90^\circ + \theta_2\right) \end{bmatrix}\begin{bmatrix} \omega_1^2 \\ \omega_2^2 \end{bmatrix}$$

在矩阵法中，为便于书写和记忆，速度分析关系式可表示为

$$A\omega = \omega_1 B$$

式中，A为机构从动件的位置参数矩阵；ω为机构从动件的速度列阵；B为机构原动件的位置参数列阵；ω_1为机构原动件的速度。

而加速度分析的关系式则可表示为

$$\dot{A}\alpha = -\dot{A}\omega + \omega_1\dot{B}$$

式中，α为机构从动件的加速度列阵；$\dot{\boldsymbol{A}} = \mathrm{d}\boldsymbol{A} / \mathrm{d}t$，$\dot{\boldsymbol{B}} = \mathrm{d}\boldsymbol{B} / \mathrm{d}t$

通过上述对四杆机构进行运动分析的过程可见，用解析法进行机构运动分析的关键是位置方程的建立和求解。至于速度分析和加速度分析只不过是对其位置方程做进一步的数学运算而已。位置方程的求解须解非线性方程组，难度较大，而速度方程和加速度方程的求解，则只须解线性方程组，相对而言较容易。

第二章　机械零件的设计

机器整机是由零件装配而成的，零件的技术性能决定了整机的技术性能。对于零件而言，其技术性能主要包括强度与刚度、摩擦与润滑等方面。摩擦、磨损和润滑问题在机械设计中占有重要的地位。

第一节　机械零件的强度

一、材料的力学性能

（一）机械零部件的载荷

机械零件载荷是零件在工作过程中进行运动或动力传递时，引起零件表面和内部应力的主要根源。为此，要进行载荷的简化，将工程问题抽象为可以进行计算的简化模型。

总结机械设计中零件受载情况，可以归纳出如下几种简化形式：

1. 按照理论方向计算工作载荷。
2. 将实际分布载荷简化为集中载荷。
3. 突出主要因素，简化计算过程。
4. 根据经验将分布区间理想化。
5. 根据实际情况进行合理的载荷简化的其他方式。

（二）载荷分类

1. 载荷可根据其性质分为静载荷和变载荷。

（1）静载荷：大小或方向不随时间变化或变化极缓慢的载荷。

（2）变载荷：大小或方向随时间有明显变化的载荷。

2. 机械零部件上所受载荷还可分为工作载荷、名义载荷和计算载荷。

（1）工作载荷：机器正常工作时所受的实际载荷。工作载荷由于零件在实际工作中还会受到各种附加载荷的作用而难以确定。

（2）名义载荷：利用原动机的额定功率，或根据机器在稳定和理想工作条件下的工作阻力求出作用在零件上的载荷。

（3）计算载荷：用一个载荷系数K对名义载荷进行修正，而得到近似的计算载荷。

（三）机械零件的应力

在载荷作用下，机械零件将承受某种应力。

按应力在零件上的分布情况可分为体应力和表面应力（接触应力）。机械设计中应用最多的是体应力。体应力又可以分为静应力和变应力。

静应力只能在静载荷作用下产生。

变应力是指随时间变化的应力，变应力能由变载荷产生，也能由静载荷产生。变应力是多种多样的，可归纳为非对称循环变应力、脉动循环变应力和对称循环变应力三种基本类型。大多数机械零部件都是在变应力状态下工作的。

二、机械零件的强度

（一）机械零件的静应力强度

1.单向静应力时零件的强度计算

根据强度准则，单向静应力时零件强度的计算式为

$$\sigma \leqslant \sigma_p = \frac{\sigma_{\lim}}{[S_\sigma]} \text{ 或 } S_\sigma = \frac{\sigma_{\lim}}{\sigma} \geqslant [S_\sigma]$$

$$\tau \leqslant \tau_p = \frac{\tau_{\lim}}{[S_\tau]} \text{ 或 } S_\tau = \frac{\tau_{\lim}}{\tau} \geqslant [S_\tau]$$

式中，σ、τ分别为零件危险截面处的工作正应力和切应力，MPa；$\sigma_{\lim}$、$\tau_{\lim}$分别为零件材料的极限正应力和极限切应力，MPa，塑性材料取σ_s、τ_s，脆性材料取σ_b、τ_b；σ_p、τ_p分别为零件的许用正应力和许用切应力；$[S_\sigma][S_\tau]$分别为正应力和切应力的计算安全系数。

2.复合静应力时塑性材料零件的强度计算

很多零件在弯扭复合应力下工作，通常采用塑性材料制造，根据第三强度理论的强度计算公式为

$$\sigma_{ca} = \sqrt{\sigma_b^2 + 4\tau_T^2} \leqslant \sigma_p = \frac{\sigma_s}{[S]}$$

$$S = \frac{\sigma_s}{\sqrt{\sigma_b^2 + 4\tau_T^2}} \geqslant [S] \text{或} S = \frac{S_\sigma S_\tau}{\sqrt{S_\tau^2 + S_\sigma^2}} \geqslant [S]$$

式中，σ_{ca}为计算应力，MPa；σ_b、τ_T分别为弯曲应力和切应力，MPa；σ_s为材料屈服极限，MPa；S_σ、S_τ分别为正应力和切应力单独作用时的安全系数；S为复合安全系数；$[S]$为许用复合安全系数。

（二）机械零件的疲劳强度

1.疲劳断裂

很多机械零件是在变应力状态下工作的。在多次重复的变应力作用下，当变应力超过极限值时，零件将发生失效，称为疲劳失效。研究表明，疲劳失效的特征明显与静应力下的失效不同，例如，一根塑性材料制成的拉杆，在静应力下，当拉应力超过其屈服强度时，拉杆因产生塑性变形而失效。但该拉杆若承受变应力时，则会因疲劳而产生断裂——疲劳断裂，且其断裂时的应力极限值远低于屈服强度（见图2-1）。

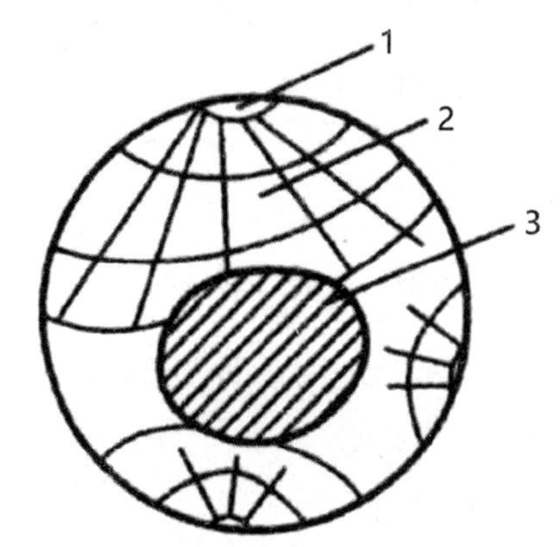

1—开始裂纹；2—光滑的疲劳区；3—粗糙的脆性断裂区

图2–1　疲劳断裂的裂口

表面无明显缺陷的金属材料试件的疲劳断裂过程分为三个阶段：疲劳裂纹的产生、疲劳裂纹的扩展、发生疲劳断裂。

2. σ—N疲劳曲线和疲劳极限应力图

（1）σ—N疲劳曲线

应力比（也称为循环特性或循环特征）$r\left(r=\frac{\sigma_{\min}}{\sigma_{\max}}\right)$一定时，表示疲劳极限$\sigma_{rN}$与循环次数$N$之间关系的曲线称为疲劳曲线（$\sigma$—$N$曲线）。

（2）材料的极限应力图

利用σ—N疲劳曲线可以得到材料在循环特性r一定、循环次数N各不相同时的疲劳极限。而要得到材料在一定循环次数N下，循环特性r各不相同时的疲劳极限，则须借助极限应力图。

3.零件的极限应力图

对于有应力集中、尺寸效应和表面状态影响的零件，在求解疲劳极限应力时，必须考虑有效应力集中系数$K_\sigma(K_\tau)$、绝对尺寸系数$\varepsilon_\sigma(\varepsilon_\tau)$及表面状态系数$\beta$的影响。

4.单向状态下机械零件的疲劳强度计算

机械零件受单向应力是指只承受单向正应力或单向切应力。在进行机械零件的疲劳强度计算时，首先要根据零件的受载求出危险剖面上的最大应力σ_{max}及最小应力σ_{min}，并据此计算出平均应力σ_m及应力幅σ_a，然后在零件极限应力函数的坐标上标出相应于σ_m与σ_a的工作应力点N或点M（见图2-2）。

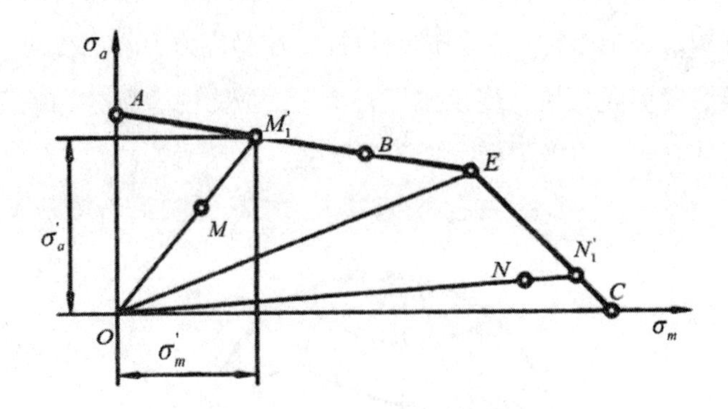

图2-2　$r=c$时的极限应力

根据零件载荷的变化规律及零件与相邻零件互相约束情况的不同，可能发生的典型的应力变化规律通常有如下三种：

（1）$r=c$的情况

变应力的循环特性保持不变，即$r=c$（如绝大多数转轴中的应力状态）。这时须找一个循环特性与零件工作应力的循环特性相同的极限应力值。因为

$$\frac{\sigma_a}{\sigma_m}=\frac{\sigma_{max}-\sigma_{min}}{\sigma_{max}+\sigma_{min}}=\frac{1-r}{1+r}=c'$$

可见，在r为常数时，σ_a和σ_m按相同比例增长。在图2-2中，从坐标原点引射线通过工作应力点M、交极限应力图于心点M'_1，M'_1点即为所求的极限应力点。

根据直线OM和直线AE的方程式，可求出$M'_1(\sigma'_m,\ \sigma'_a)$，则零件的疲劳极限为

$$\sigma'_{max}=\sigma'_m+\sigma'_a=\frac{\sigma_{-1}\sigma_{max}}{(K_\sigma)_D\,\sigma_a+\phi_\sigma\sigma_m}$$

安全系数计算值及强度条件为

$$S_{ca}=\frac{\sigma'_{max}}{\sigma_{max}}=\frac{\sigma_{-1}}{(K_\sigma)_D+\vec{\omega}_\sigma\sigma_m}\geqslant[S]$$

若工作应力点位于图2-2所示的点N，同理可得其极限应力点N'_1，疲劳极限$\sigma'_{max}=\sigma'_m+\sigma'_a=\sigma_s$，这就表示，工作应力为点$N$时，可能发生的屈服失效，故只须进行静强度计算，其强度公式为

$$S_{ca}=\frac{\sigma'_{\max}}{\sigma_{\max}}=\frac{\sigma_s}{\sigma_{\max}}\geqslant[S]$$

分析图2-2得知，在$r=c$时，凡是工作应力点位于OAE区域内时，极限应力等于极限应力点的横坐标和纵坐标之和；凡是工作应力点位于OEC区域内时，极限应力统称为屈服极限。

（2）$\sigma_m=c$的情况

变应力的平均应力保持不变，即$\sigma_m=c$（如振动着的受载弹簧中的应力状态）。如图2-3所示，过点M作与纵轴平行的直线，与AE的交点M'_2即为极限应力点。根据直线MM'_2和直线AE的方程式，可求出$M'_2(\sigma'_m,\sigma'_a)$，则零件的疲劳极限为

$$\sigma'_{\max}=\sigma'_m+\sigma'_u=\frac{\sigma_{-1}+\left[(K_\sigma)_D-\phi_\sigma\right]\sigma_m}{(K_\sigma)_D}$$

安全系数计算值及强度条件为

$$S_{ca}=\frac{\sigma'_{\max}}{\sigma_{\max}}=\frac{\sigma_{-1}+\left[(K_\sigma)_D-\phi_\sigma\right]\sigma_m}{(K_\sigma)_D(\sigma_m+\phi_\sigma)}\geqslant[S]$$

也可按极限应力幅来求安全系数，即

$$S_{ca}=\frac{\sigma'_a}{\sigma_a}=\frac{\sigma_{-1}-\phi_\sigma\sigma_m}{(K_\sigma)_D\sigma_a}\geqslant[S]$$

对应于点N的极限应力由点表示N'_2，点N'_2位于直线CE上，故仍只须按式$S_{ca}=\frac{\sigma'_{\max}}{\sigma_{\max}}=\frac{\sigma_s}{\sigma_{\max}}\geqslant[S]$进行静强度计算，分析图2-3得知，在$\sigma_m=c$时，凡是工作应力点位于$OAE$区域内时，极限应力等于极限应力点的横坐标和纵坐标之和；凡是工作应力点位于OEC区域内时，极限应力统称为屈服强度。

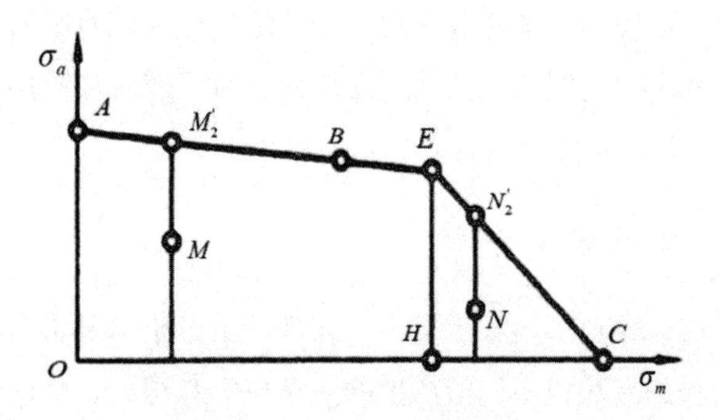

图2-3　$\sigma_m=c$时的极限应力

（3）$\sigma_{\min}=c$的情况

变应力的最小应力保持不变，即$\sigma_{\min}=c$（如紧螺栓连接中螺栓受轴向变载荷时的应力状态）。如图2-4所示，过工作应力点M(或点N）作与横轴成45°的直线，交直线AE(或EC）于点M'_3（或N'_3），点M'_3（或N'_3）即为所求的极限应力点。根据两直线的方程式，可求出点M'_3（或N'_3）的坐标值（σ'_m，σ'_a），则安全系数计算值及强度条件为

$$S_{ca}=\frac{\sigma'_{max}}{\sigma_{\max}}=\frac{2\sigma-1+\left[\left(K_\sigma\right)_D-\right]\sigma_{\min}}{\left[\left(K_\sigma\right)_D+\varphi_\sigma\right]\left(2+\sigma_{\min}\right)}\geqslant[S]$$

也可按极限应力幅来求安全系数，即

$$S_{ca}=\frac{\sigma'_a}{\sigma_a}=\frac{\sigma_{-1}-\varphi_\sigma\sigma_{\min}}{\left[\left(K_\sigma\right)_D+\varphi_\sigma\right]\sigma_a}\geqslant[S]$$

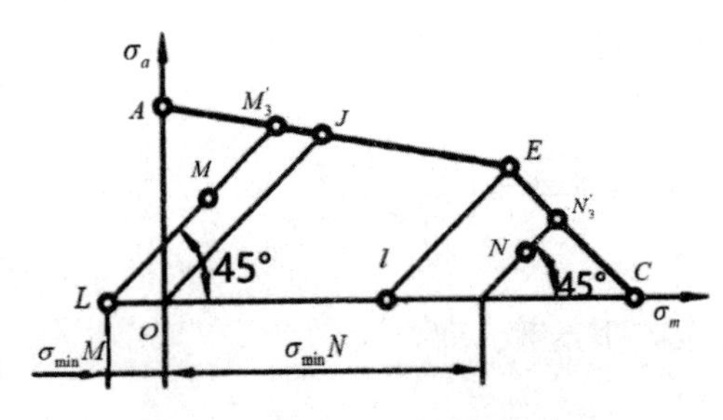

图2–4　$\sigma_{\min}=c$时的极限应力

分析图2-4得知，在$\sigma_{\min}=c$时，当工作应力点位于OAJ区域内时，最小应力均为负值，这在实际机械结构中极为罕见；当工作应力点位于域内时，极限应力等于极限应力点的横坐标和纵坐标之和；当工作应力点位于IEC区域内时，极限应力统称为屈服极限。

5.复合力状态下的机械疲劳强度

很多零件（如转轴），工作时其危险剖面上同时受有正应力（σ）及切应力（τ）的复合作用。复合应力的变化规律是多种多样的。经理论分析和试验研究，目前只有对称循环时的计算方法，且两种应力是同相位同周期变化的。对于非对称循环的复合应力，研究工作还很不完善，只能借用对称循环的计算方法进行近似计算。

（三）机械零件的接触强度

有些机械零件（如齿轮、滚动轴承等），在理论上分析时都将力的作用看成是点或线接触的。产生这种接触的面积很小，但产生的局部应力却很大，将此种局部应力称为接触应力，这时零件强度称为接触强度。

实际工作中遇到的接触应力多为变应力，产生的失效属于接触疲劳破坏。接触疲劳破坏会造成疲劳点蚀现象的发生（见图2-5），这种现象称为疲劳点蚀。疲劳点蚀会导致以下不良后果：减少接触面积，破坏零件的光滑表面，降低承载能力，并引起振动和噪声。齿轮、滚动轴承就常易发生疲劳点蚀这种失效形式。

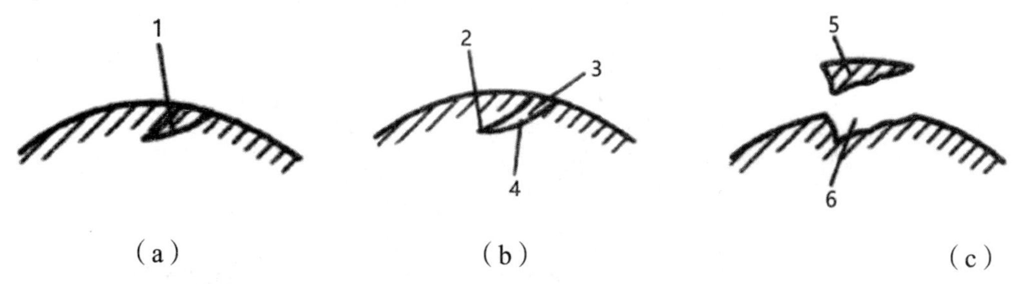

1—初始疲劳裂纹；2—断裂；3—油；4—扩展的裂纹；5—剥落的金属；6—小坑

图2–5　疲劳点蚀

影响疲劳点蚀的主要因素是接触应力的大小，因此，接触应力作用下的强度条件是最大接触应力不超过其许用值，即

$$\sigma_{H\max} \leqslant [\sigma_H]$$

式中，σ_H材料的许用接触应力；$\sigma_{H\max}$为接触应力的最大值。

第二节　机械零件的摩擦

一、摩擦的分类

在外力作用下，两个接触表面做相对运动或有相对运动趋势时，沿运动方向产生阻力的现象，称为摩擦。在现实世界中存在很多种不同摩擦的形式，可以按照不同的标准对其进行分类。根据摩擦面间摩擦状态的不同，即润滑油量及油层厚度大小的不同，滑动摩擦又分为干摩擦、边界摩擦、流体摩擦和混合摩擦。

二、摩擦特性曲线

如图2-6所示为从滑动轴承实验得到的润滑状态变化曲线，称为摩擦特性曲线，即摩擦系数μ随着$\dfrac{\eta v}{p}$的变化而改变。η为动力黏度；v为运动黏度；p为轴承负荷。

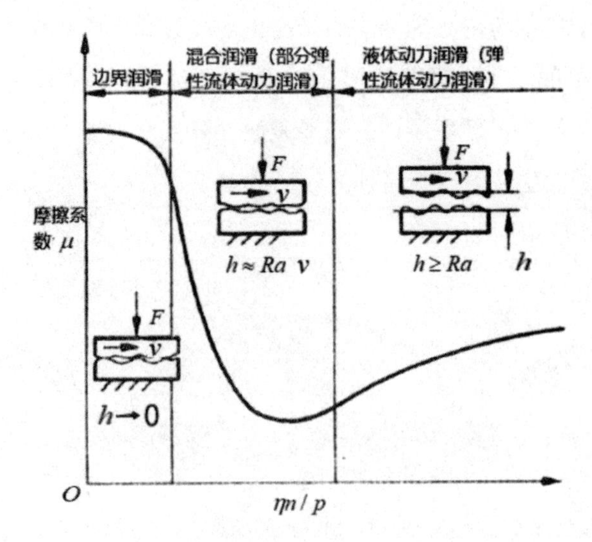

h—间隙；*Ra*—表面粗糙度

图2–6　摩擦特性曲线

可以看出，摩擦系数能反映该轴承的润滑状态，若加大摩擦，润滑状态从流体润滑向混合润滑转化；随着载荷的增加，进而转化为边界润滑，摩擦系数显著增大；摩擦继续增加，边界膜破裂，出现明显的黏着现象，磨损率增大，表面温度升高，最后可能出现黏着咬死。

三、干摩擦及摩擦系数

干摩擦的摩擦系数可以用库仑公式进行计算：$\mu=\frac{F}{N}$，其中F为摩擦力，N为法向压力。库仑公式的计算精度可以满足一般的工程计算要求，但如果对于更加精确的计算，则必须通过具体的试验研究进行测试。

对于干摩擦力的形成原因有很多理论进行解释，早期的机械摩擦啮合理论认为，当两个粗糙表面相互接触时，接触点互相啮合，摩擦力就是啮合点间切向阻力的总和，表面越粗糙，摩擦力就越大。该理论不能解释表面光滑到一定程度后摩擦力反而增大的现象。所以，后来又出现了分子—机械理论、黏着理论等。黏着理论又称为现代黏着理论，是较为广泛接受的摩擦形成理论。该理论认为，两粗糙表面相互接触时，在载荷的作用下，摩擦副只是在部分峰顶发生接触，所产生的真实接触面积只是表观接触面积的百分之几至万分之几，导致真实接触面积上的压力很容易达到材料的压缩屈服极限而产生塑性变形，如图2-7所示。根据上述观点可以写出关系式：$A_r=\frac{N}{\sigma_s}$，式中A_r为真实接触面积，N为摩擦面间的正压力，σ_s为材料的屈服应力极限。

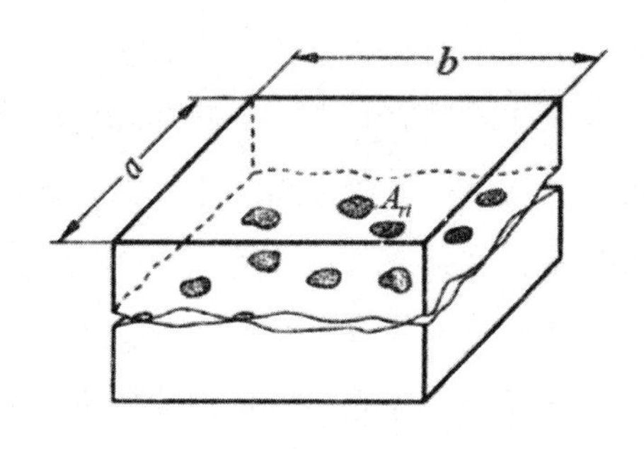

$$A = ab, A_r = \sum_{i=1}^{n} A_{ri}$$

图2–7 摩擦副微观接触

单个微凸体在接触后发生屈服的同时，发生黏着现象，形成冷焊点（见图2-7），当发生相对滑动时，首先必须将焊点剪开，则单个焊点形成的摩擦力可以计算为

$$F_i = A_i \tau_B$$

式中，F_i为单个焊点的剪断力（摩擦力），A_i为单个焊点的截面积，τ_B为焊点中软金属的剪切强度极限。由此可以得到整个接触面上的摩擦力

$$F = \sum F_i = \sum A_i \tau_B = A_r \tau_B$$

应用库仑公式

$$\mu = \frac{F}{N} = \frac{A_r \tau_B}{N} = \frac{A_r \tau_B}{A_r \sigma_s} = \frac{\tau_B}{\sigma_s}$$

四、边界摩擦机理

两表面间加入润滑油后，在金属表面会形成一层边界油膜，边界膜可以是物理吸附膜、化学吸附膜和化学反应膜。所谓物理吸附膜是指由润滑油中的极性分子与金属表面相互吸引而形成的吸附膜；所谓化学吸附膜是指润滑油中的分子靠分子键与金属表面形成的化学吸附膜；所谓化学反应膜是指在润滑油中加入硫、磷、氯等元素的化合物（添加剂）与金属表面进行化学反应而生成的膜。

润滑油中的脂肪酸是一种极性化合物，其分子能吸附在金属表面，形成物理吸附膜。吸附在金属表面的分子分为单层和多层结构，距离表面越远的分子，其吸附能力越低，剪切强度越小，到了若干层以后，就不再受约束。因此，摩擦系数将随层数的增加而下降。物理吸附膜受温度影响比较大，受热后吸附膜容易发生脱吸、乱向，直至完全破坏，所以物理吸附膜适用于在常温、轻载、低速下工作。

化学吸附膜比物理吸附膜的吸附强度高，稳定性也优于物理吸附膜，受热后的熔化温度也高，化学吸附膜适用于中等载荷、中等速度、中等温度下工作。

化学反应膜是一类厚度大、熔点高、剪切强度低、稳定性好的吸附性膜。它适用于重载、高速和高温下工作的摩擦副。

工作温度是影响边界膜性能的关键参数，当工作温度达到软化温度时，吸附膜发生软化、乱向和脱吸现象，从而使润滑作用降低。因此，在具体应用过程中应注意限制加值以控制摩擦面温度。

第三节　机械零件的磨损

运动副之间的摩擦将导致零件表面材料的逐渐丧失或迁移，即形成磨损。磨损过程大致可分为三个阶段，即跑合磨损阶段（磨合阶段）、稳定磨损阶段及剧烈磨损阶段，如图2-8所示。

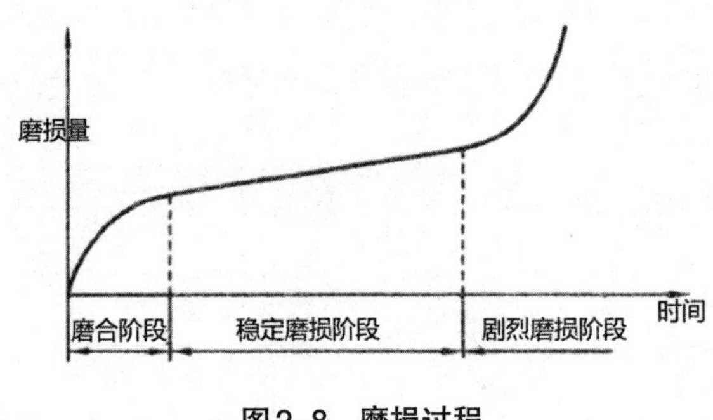

图2-8　磨损过程

一、磨损的分类

巴威尔（Burwell）提出的磨损分类具有较大的影响。根据摩擦机理，巴威尔将磨损分为黏着磨损、疲劳磨损、腐蚀磨损、磨粒磨损四大类。

（一）黏着磨损

在切向力的作用下，摩擦副表面的吸附膜和脏污膜遭到破坏，使表面的轮廓峰在相互作用的各点处发生冷焊，由于相对运动，材料便从一个表面转移到另一个表面，形成黏着磨损。

（二）疲劳磨损

在接触变应力的作用下，如果该应力超过材料相应的接触疲劳极限，就会在摩擦副表面或表面以下一定深度处形成疲劳裂纹，随着裂纹的扩展及相互连接，金属微粒便会从零件工作表面脱落，导致表面出现麻点状损伤现象，即形成疲劳磨损，或称为疲劳点蚀。

（三）腐蚀磨损

摩擦过程中金属与周围介质（如空气或润滑油中的酸、水等）发生化学或电化学反应而引起的表面损伤，称为腐蚀磨损。腐蚀磨损包括各类机械中普遍存在的氧化磨损、机件嵌合部位出现的微动磨损、水利机械中出现的冲蚀磨损以及化工机械中因特殊腐蚀气体作用而产生的腐蚀磨损。

（四）磨粒磨损

磨粒磨损也叫磨料磨损，它是指滑动摩擦时，在零件表面摩擦区存在硬质磨粒（外界进入的磨料或表面剥落的碎屑），使磨面发生局部塑性变形、磨粒嵌入和被磨粒切割等过程，以致磨面材料逐渐耗损的一种磨损。

磨粒磨损分为两种情况：一种是硬质摩擦表面的硬质突出物将对表面材料磨掉（二体磨损）；另一种是从外部进入摩擦面间的游离硬质颗粒（如尘土、砂粒或磨损形成的金属微粒），在较软材料表面刨出很多沟纹而引起材料脱落的现象（三体磨损）。

二、磨损的影响因素

影响磨损的因素很多，例如材料的种类、载荷、摩擦表面间的润滑情况、工作温度等。不同类型磨损的影响如表2-1所示。

表2–1　磨损的影响因素

类型	磨损的影响因素
黏着磨损	①同类摩擦副材料比异类摩擦副材料容易黏着； ②脆性材料比塑性材料的抗黏着能力高，在一定范围的表面粗糙度愈低，抗黏着能力愈强； ③黏着磨损还与润滑剂、摩擦表面温度及压强有关
疲劳磨损	摩擦副材料组合，表面粗糙度、润滑油黏度以及表面硬度等
腐蚀磨损	周围介质、零件表面的氧化膜性质及环境温度等，磨损可使腐蚀率提高 2 ～ 3 个数量级
磨粒磨损	与摩擦材料的硬度、磨料的硬度有关。一半以上的磨损损失是由磨粒磨损造成的

为此，应采取适当的措施，例如正确选用材料、进行有效的润滑、采用适当的表面处理等，尽可能地减少机械中的磨损。另外，通过改进结构设计，提高加工和装配精度也可以减少摩擦磨损。还应在使用过程中注意正确地使用、维修与保养机器。

第四节　机械零件的润滑

润滑是减少摩擦和磨损的有效措施之一。所谓润滑，就是向承载的两个摩擦表面之间引入润滑剂，以改善摩擦、减少磨损，降低工作表面的温度。另外，润滑剂还能起减震、防锈、密封、传递动力、清除污物等作用。

一、润滑材料

常用的润滑剂有液体、半固体、固体和气体四种基本类型。在液体润滑剂中应用最广的是润滑油，包括矿物油、动植物油、合成油和各种乳剂。半固体润滑剂主要是指各种润滑脂，它是润滑油和稠化剂的稳定混合物。固体润滑剂是任何可以形成固体膜以减少摩擦阻力的物质，如石墨、二硫化钼、聚四氟乙烯等。任何气体都可作为气体润滑剂，其中用得最多的是空气，它主要用在气体轴承中。

二、机械零件的润滑方式

润滑油或润滑脂的供应方法也是设计中非常关键的一部分，尤其是油润滑时的供应方法与零件在工作时所处润滑状态有着密切的关系。

（一）油润滑

向摩擦表面施加润滑油的方法可分为间歇式和连续式两种。手工用油壶或油枪向注油杯内注油，只能做到间歇润滑。如图2-9所示为压配式注油杯，如图2-10所示为旋套式注油杯。这些只可用于小型、低速或间歇运动的轴承。

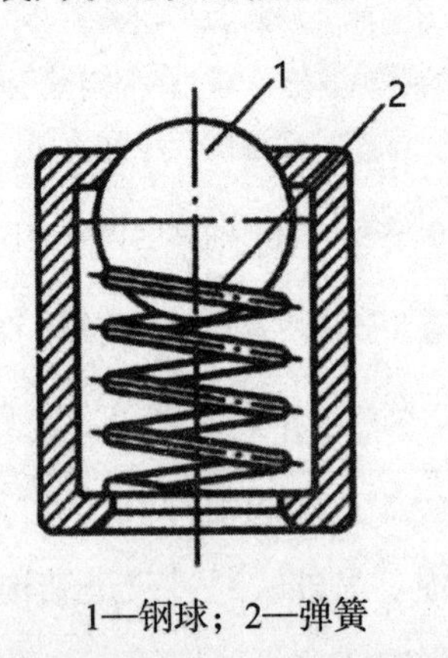

1—钢球；2—弹簧

图2-9　压配式注油杯

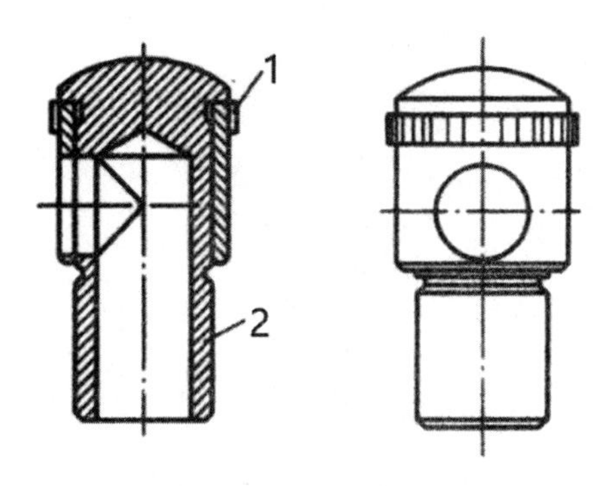

1—旋套；2—杯体

图2-10　旋套式注油杯

对于重要的轴承，必须采用连续供油的方法。比较常用的有油环润滑（见图2-11）、滴油润滑（见图2-12）、飞溅润滑、压力循环润滑等。

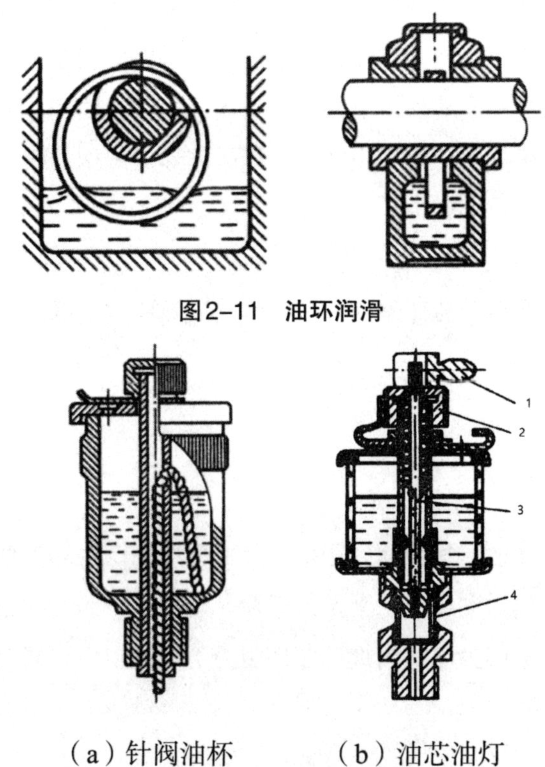

图2-11　油环润滑

（a）针阀油杯　　（b）油芯油灯

1—手柄；2—调节螺母；3—针阀；4—观察针

图2-12　滴油润滑

（二）脂润滑

脂润滑只能间歇供应润滑脂。旋盖式油脂杯（见图2-13）是应用最广的脂润滑装置。

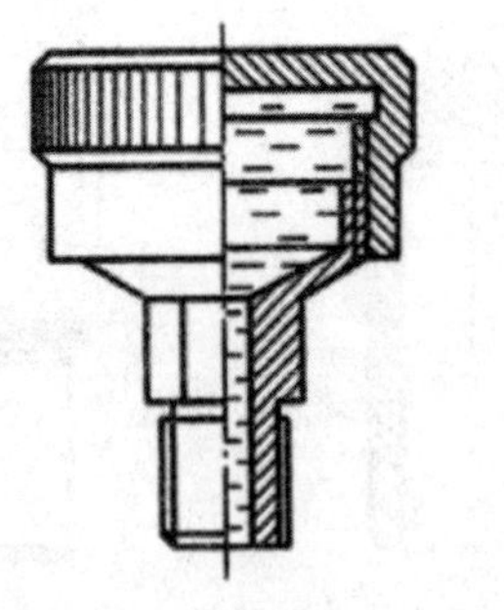

图2-13　旋盖式油脂杯

三、流体润滑及方法

（一）流体静压润滑

流体静压润滑是将液压泵等外界设备提供的压力流体送入摩擦表面之间，以静压力来平衡外载荷，使摩擦表面分离而达到流体润滑的目的。在典型流体静压润滑系统中，用液压泵将润滑剂加压，通过补偿元件（节流器）送入摩擦件的油腔，润滑剂再通过油腔周围的封油面与另一摩擦面构成的间隙流出，摩擦面之间形成静压油膜，将运动件与承载件分开而实现流体润滑。

对于两个静止的或相对速度很低的，以及平行的摩擦表面间不可能获得流体动压润滑，只能采用流体静压润滑。流体静压润滑技术已成熟应用于静压轴承、静压导轨、静压丝杠等摩擦副零部件。

（二）流体动压润滑

两个做相对运动物体的摩擦表面，用借助相对速度而产生的黏性流体膜将两摩擦表面完全隔开，由流体膜产生的动压力来平衡外载荷，这种流体润滑状态称为流体动压润滑。其主要优点是摩擦力小（仅为流体内部的摩擦阻力）、磨损小，甚至没有，并可缓和振动与冲击。

（三）润滑方法

合理选择和设计机械设备的润滑方法、润滑系统和装置对于设备保持良好润滑状态和工作性能，以及获得较长使用寿命都具有重要的现实意义。

润滑系统的选择和设计包含润滑剂的输送、控制（分配、调节）、冷却、净化，以及压力、流量、温度等参数的监控。同时，还应考虑以下三个方面的情况：摩擦副类型及工作条件、润滑剂类型及其性能、润滑方法及供油条件。

目前，机械设备所使用的润滑方法主要有分散润滑和集中润滑两大类型；按润滑方式，集中润滑又可分为全损耗润滑系统、循环润滑系统及静压润滑系统三种基本类型。其中，全损耗润滑系统是指润滑剂送于润滑点以后，不再回收循环使用，常用于润滑剂回收困难或无须回收、需油量很小，或难以安置油箱或油池的场合。而循环润滑系统的润滑剂送至润滑点进行润滑以后又流回油箱再循环使用。静压润滑系统则是用于静压流体润滑的润滑系统。

四、密封装置

密封能够阻止润滑油从轴承中流失，同时还会防止外界灰尘、水分等侵入轴承。不合理的密封设计将直接导致轴承的寿命缩短。

（一）静密封

1. 直接接触密封

直接接触密封是一种最简单的静密封形式，如图2-14所示，在紧螺栓连接的压力下使平整、光洁的结合面贴紧实现密封。直接接触密封对结合面的加工精度有较高的要求，汽缸盖、阀板等的结合面常需要进行研磨加工。

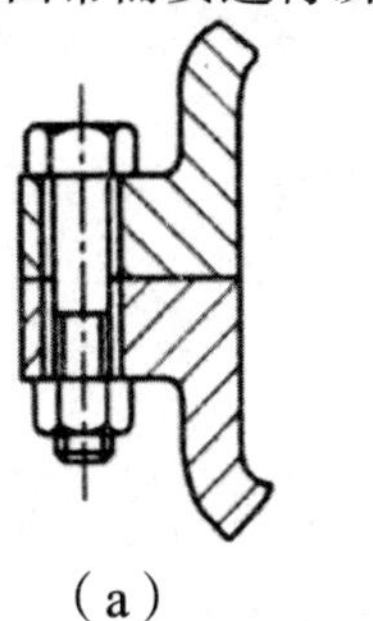
（a）

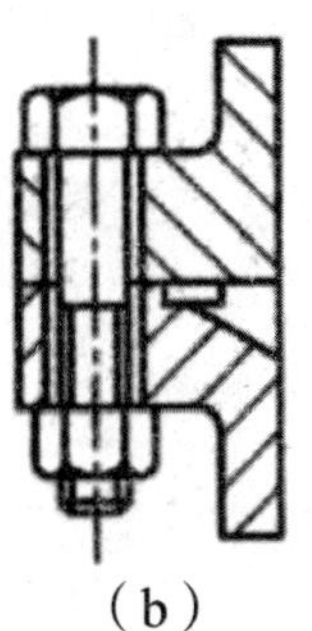
（b）

图2-14　直接接触密封

2. 垫片、垫圈密封

如图2-15所示，在结合面间加垫片或垫圈，用紧螺栓压紧使垫片、垫圈产生弹性变形填塞结合面上的不平，从而消除间隙而起到密封作用。

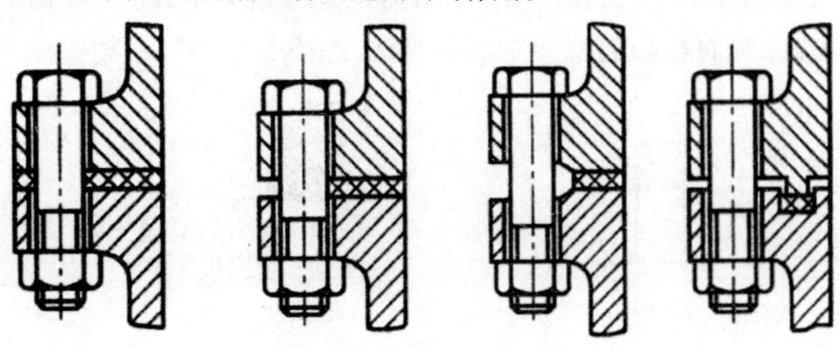

图2-15　垫片、垫圈密封

3. 自紧式密封

O形橡胶密封圈是一种简单、通用的密封元件，具有成本低廉、密封性能良好的特点，常用于静密封和往复密封中。如图2-16所示为O形橡胶密封圈的工作原理。图2-17中列举了几种截面形状不同的有自紧作用的密封圈。

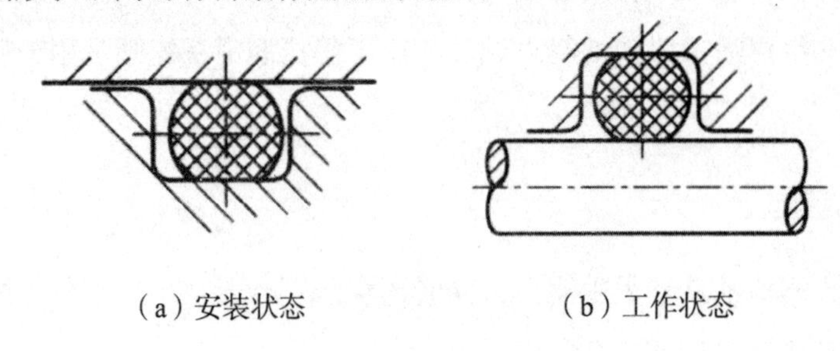

（a）安装状态　　（b）工作状态

图2-16　O形橡胶密封圈的工作原理

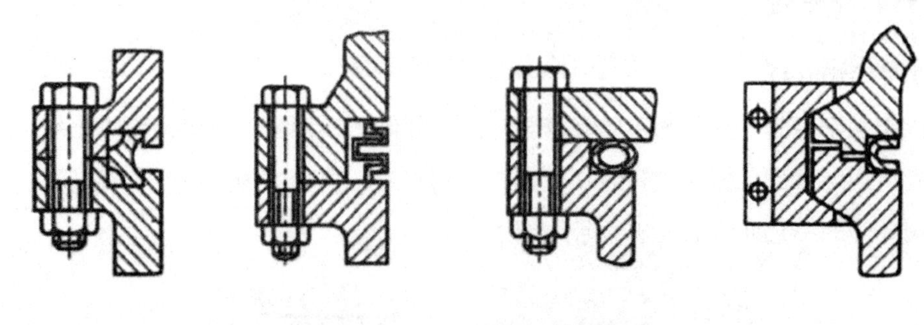

图2-17　各种自紧式密封圈

（二）接触式旋转轴密封

所有的接触式旋转轴密封都需要在装配状态下使密封件与密封面之间产生一个初始接触压力，使密封件材料的表面产生适量的变形，与密封面相互接触，堵塞流体通道，阻止液体的进出。一切接触式旋转轴密封均要在一定的润滑方式下工作。

1. 毡圈密封

在端盖或壳体上开出梯形槽，将矩形截面的毡圈放置在槽中与旋转轴密合接触，如图2-18所示。毡圈为标准件，密封结构简单，对轴的偏心或窜动不敏感，但摩擦、磨损较严重，只用于低速、脂润滑的场合。

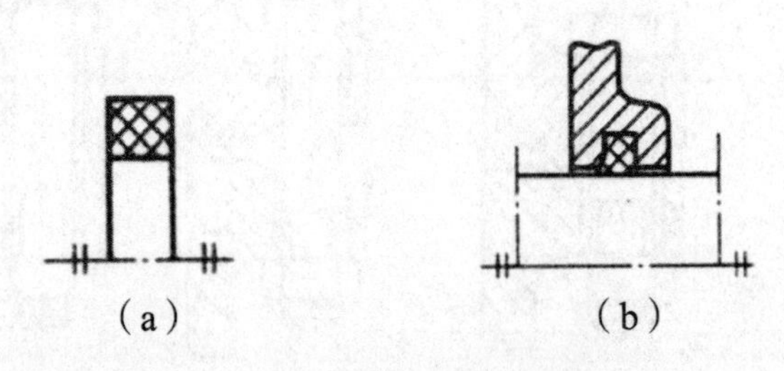

（a）　　（b）

图2-18　毡圈密封

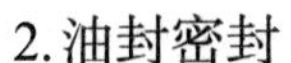

2.油封密封

油封是依靠有弹性的唇部进行密封的标准密封件。油封密封，因结构简单、价格便宜、检修方便，是目前应用最广的一种接触式旋转轴的密封方式。

3.机械密封

机械密封是由一对或数对动环与静环组成的平面摩擦副构成的密封装置。如图2-19所示为一种机械密封结构。

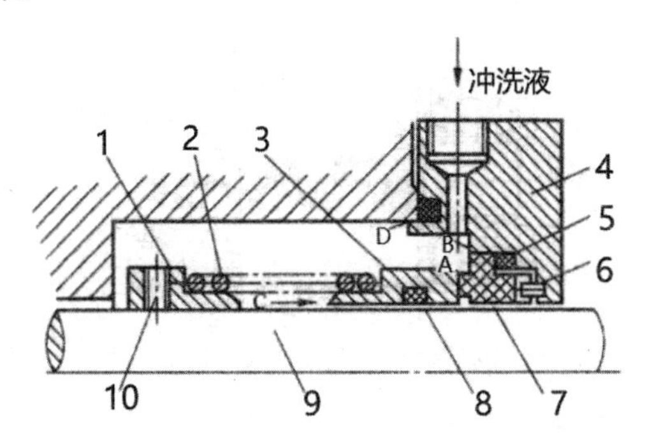

1—弹簧座；2—弹簧；3—旋转环（动环）；4—压盖；5—静环密封圈；6—防转销；
7—静止环（静环）；8—动环密封圈；9—轴（或轴套）；10—紧定螺钉

图2-19　机械密封结构

（三）非接触式旋转轴密封

在非接触密封中不存在密封体与运动部件之间的摩擦，因此也就没有磨损。这样的密封设计结构简单、耐用、运行可靠，并且基本上不用考虑维修保养的问题。

1.间隙密封

间隙密封主要用于密封液体，且仍会有少量的泄漏。用沟槽间隙密封时，在静止的壳体和转动件之间有微小的间隙，并在壳体上加工出几个环槽，在槽中可填充润滑脂以提高密封效果。

2.迷宫密封

迷宫密封即是多重曲路的间隙密封，密封效果较好，适于用作高速旋转轴的密封，在离心式压缩机和蒸汽轮机中得到广泛应用。根据结构，曲路的布置可以是径向、轴向或两者的组合。

3.螺旋密封

螺旋密封是利用旋转轴表面的螺纹，当轴旋转时，螺纹起类似螺杆泵的作用，压送流体流回箱体内，以阻止流体泄漏。图2-20为右旋螺纹，轴转向如图所示，则液体在螺旋作用下，由左向右流动。螺旋密封结构简单，不受温度的影响，对于低速轴，宜采用多头螺纹。

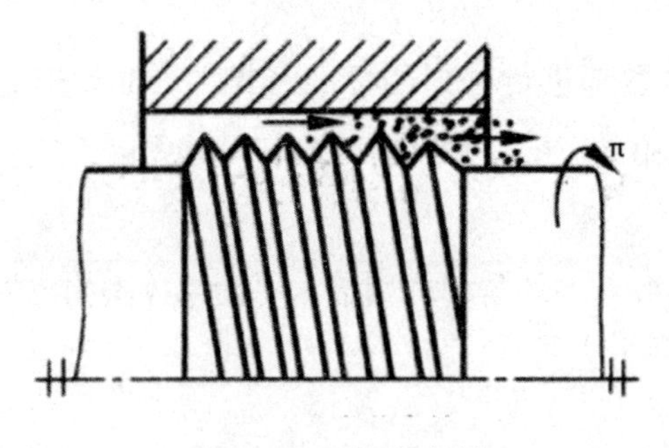

图2-20　螺旋密封

（四）磁流体密封

磁流体密封原理如图2-21所示，在旋转轴上放一个环形磁体，磁体的每端与一环形磁极接触，形成一个磁场，且通过在轴表面或者在环形磁极的内径处的齿纹来加强这个磁场的效应。当环形磁极和轴之间的空隙被磁流体膜充满时，就形成一个完整的磁力线区，使轴颈与环形磁极的空隙处形成一个磁流体环，堵塞了流体泄漏的任何通道。

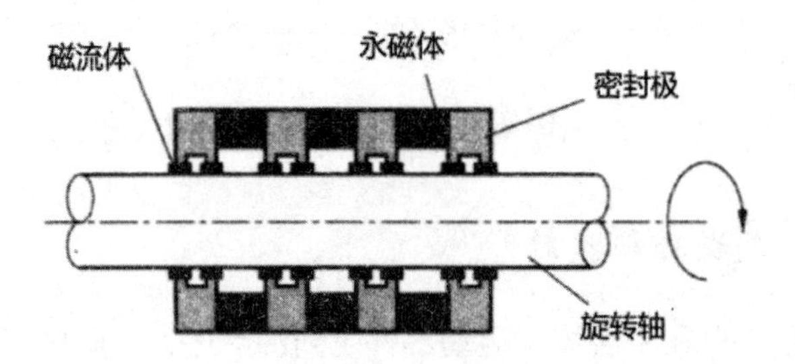

图2-21　磁流体密封

第三章　机械连接的设计

第一节　间歇运动机构

在许多机械中，有时需要将原动件的等速连续转动变为从动件的周期性停歇间隔的单向运动（又称步进运动）或者是时停时动的间歇运动。例如，自动机床中的刀架转位和进给、成品输送及自动化生产线中的运输机构等运动都是间歇性的。能实现间歇运动的机构称为间歇运动机构，间歇运动机构很多，凸轮机构、不完全齿轮机构和恰当设计的连杆机构都可实现间歇运动。

一、棘轮机构

典型的棘轮机构如图3-1所示，由摇杆1、棘爪2、棘轮3、制动爪4和压簧5组成。摇杆及连接于其上的棘爪为主动件，棘轮为从动件。

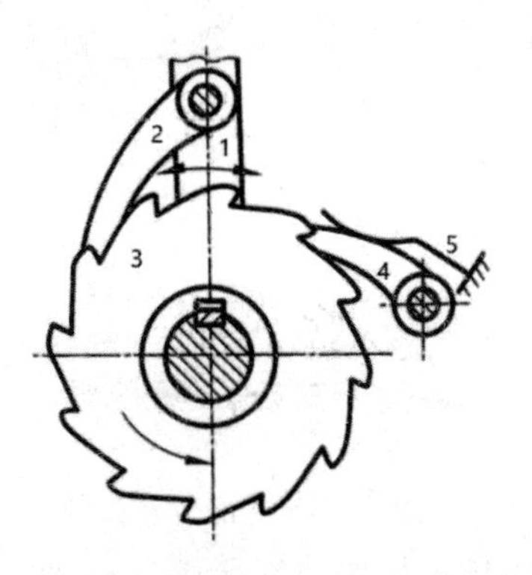

1—摇杆；2—棘爪；3—棘轮；4—制动爪；5—压簧

图3–1　棘轮机构的组成

单向运动时，棘轮齿一般做成锯齿形。棘轮的棘齿既可以做在棘轮的外缘（称外啮合棘轮机构），也可以做在棘轮的内缘（称内啮合棘轮机构），还有直头双动式棘爪棘轮机构和钩头双动式棘爪棘轮机构。

摇杆左右摆动，当摇杆左摆时，棘爪插入棘轮的齿内推动棘轮转过某一角度。当摇杆右摆时，棘爪滑过棘轮，而棘轮静止不动，循环往复。制动爪可以防止棘轮反转，这种有齿的棘轮其进程的变化最少是1个齿距，且工作时有响声。

按照结构特点，常用的棘轮机构分为齿式棘轮机构和摩擦式棘轮机构。

（一）齿式棘轮机构

按照运动形式，齿式棘轮机构可分为三类：

1. 单动式棘轮机构

如图3-1所示，当主动件逆时针方向摆动时，主动件上的棘爪插入齿槽内，使棘轮随主动件转过一定的角度；当主动件顺时针方向摆动时，棘爪则在棘轮齿背上滑过。为了阻止棘轮回转，机构中加入制动爪，当棘轮欲顺时针回转时，由于制动爪的存在，所以棘轮静止不动。当主动件连续地往复摆动时，棘轮只做单向的间歇运动。

2. 双动式棘轮机构

如图3-2所示为双动式棘轮机构。主动件往复摆动都能使棘轮沿同一方向间歇转动，驱动棘爪可制成直的或带钩的形式。

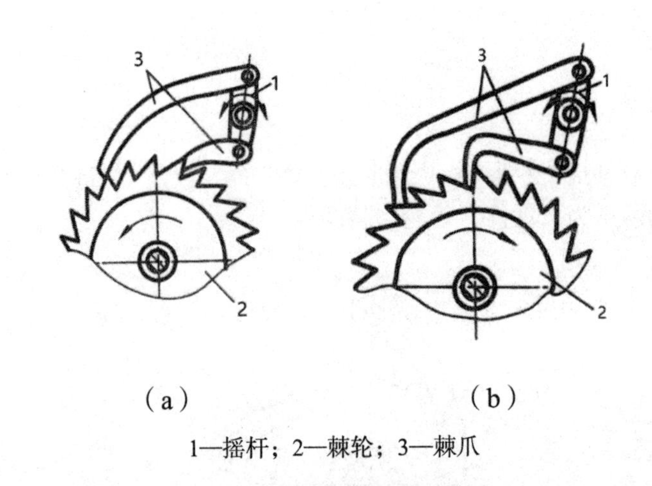

1—摇杆；2—棘轮；3—棘爪

图3–2 双动式棘轮机构

3. 可变向棘轮机构

如图3-3所示为两种可变向棘轮机构。对于图3-3（a）所示类型棘轮机构，当棘爪B在左边位置时，棘轮将沿逆时针方向做间歇运动；当棘爪B翻到右边时，棘轮将沿顺时针方向做间歇运动。对于图3-3（b）所示类型棘轮机构，当棘爪直面在左侧，斜面在右侧时，棘轮沿逆时针方向做间歇运动；若提起棘爪翻转90°后再插入，使直面在右侧，斜面在左侧时，棘轮沿顺时针方向做间歇运动。这种棘轮机构常用于牛头刨床工作台的进给装置中。

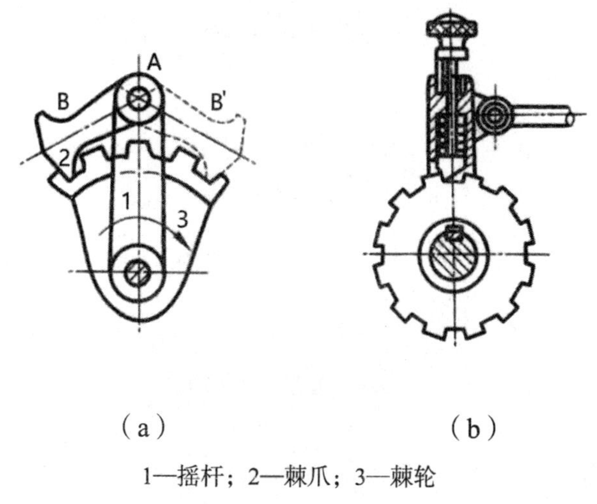

（a）　　（b）

1—摇杆；2—棘爪；3—棘轮

图3-3　可变向棘轮机构

（二）摩擦式棘轮机构

齿式棘轮机构转动时，棘轮的转角都是相邻两齿所夹中心角的整数倍。为了实现棘轮转角的任意性，可采用无棘齿的棘轮机构。这种机构通过棘爪与棘轮之间的摩擦力来实现传动，故也称为摩擦式棘轮机构。这种机构工作时噪声较小，但其接触面间容易发生滑动。为了增加摩擦力，可以将棘轮做成槽形。

（三）棘轮机构的应用

1.间歇送进

牛头刨床工作台进给机构应用时，牛头刨床为了切削工件，刨刀须做连续往复直线运动，工作台做间歇移动。当曲柄转动时，经连杆带动摇杆做往复摆动；摇杆上装有双向棘轮机构的棘爪，棘轮与丝杠固连，棘爪带动棘轮做单方向间歇转动，从而使螺母（工作台）做间歇进给运动。若改变驱动棘爪的摆角，可以调节进给量；改变驱动棘爪的位置（绕自身轴线转过180°后固定），可改变进给运动的方向。

2.制动

见图3-4所示为卷扬机制动机构，当转动的卷筒带动物件Q上升到所需的高度位置时，卷筒就停止转动，棘爪依靠弹簧嵌入棘轮的轮齿凹槽中，这样就可以防止卷筒在任意位置停留时产生逆转，保证提升工作安全可靠。

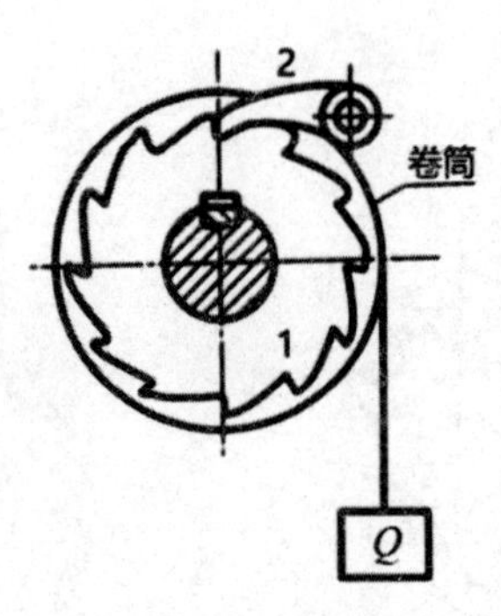

1—棘轮；2—棘爪

图3–4　卷扬机制动机构

二、槽轮机构

（一）槽轮机构的结构及工作原理和形式

槽轮机构是由槽轮、带有圆柱销的拨盘和机架组成；当拨盘做匀速转动时，驱使槽轮做间歇运动。当圆柱销进入槽轮槽时，拨盘上的圆柱销将带动槽轮转动。拨盘转过一定角度后，圆柱销将从槽中退出。为了保证圆柱销下一次能正确地进入槽内，必须采用锁止弧将槽轮锁住不动，直到下一个圆柱销进入槽后才放开，这时槽轮又可随拨盘一起转动，即进入下一个运动循环。

平面槽轮机构有外槽轮机构和内槽轮机构两种形式。

槽轮机构的主要参数是槽数Z和拨盘圆柱销数K。在一个运动循环内，槽轮的运动时间t_d对拨盘运动时间t之比值τ称为运动特性系数。设一槽轮机构，槽轮上有Z个槽，则运动特性系数为

$$\tau=\frac{t_d}{t}=\frac{2\varphi_1}{2\pi}$$

因为

$$2\varphi_1=\pi-2\varphi_2=\pi-\frac{2\pi}{Z}$$

所以

$$\tau=\frac{2\varphi_1}{2\pi}=\frac{Z-2}{2Z}=\frac{1}{2}-\frac{1}{Z}$$

讨论：

①若$\tau=0$，则表示槽轮始终不动；若$\tau=1$，则表示槽轮做连续运动而不做步进运动，所以τ应在0 ~ 1之间。

②因为运动特性系数τ必须大于零，故槽轮的最少槽数等于3。

③要使$\tau>\frac{1}{2}$，即拨盘转动一周而槽轮转动几次，则须在拨盘上安装多个圆销。

设K为均匀分布的圆销数，则

$$\tau=\frac{K(Z-2)}{2Z}$$

由式$\tau=\frac{K(Z-2)}{2Z}$可知，圆销数K与槽数Z有关，当$Z=3$时，圆销的数目可为1 ~ 5；当$Z=4$或5时，圆销的数目可为1 ~ 3；而当$Z\geqslant 6$时，圆销的数目可为1 ~ 2。

（二）槽轮机构的特点和应用

1.优点

槽轮机构结构简单，工作可靠，能准确控制转动的角度，常用于要求恒定旋转角的分度机构中。

2.缺点

（1）对一个已定的槽轮机构来说，其转角不能调节。

（2）在转动始、末，槽轮机构加速度变化较大，有冲击。

3.应用

（1）如图3-5所示为电影放映机，为了适应人眼的视觉暂留现象，采用了槽轮机构，用于间歇地移动胶片。

（2）如图3-6所示为六角车床刀架的转位槽轮机构，拨盘转动一周驱使槽轮（刀架）转动60°。

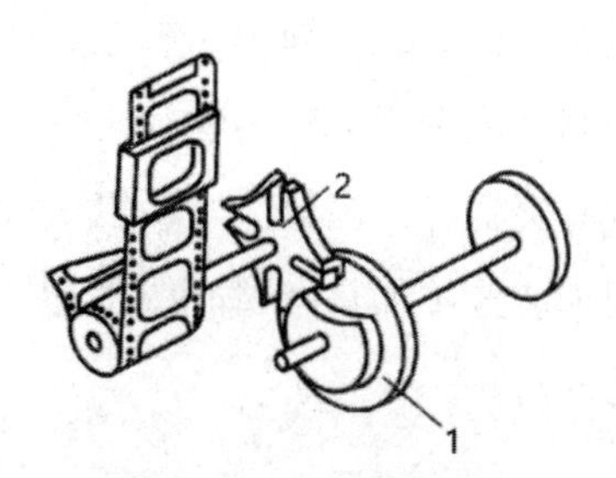

图3–5　电影放映机

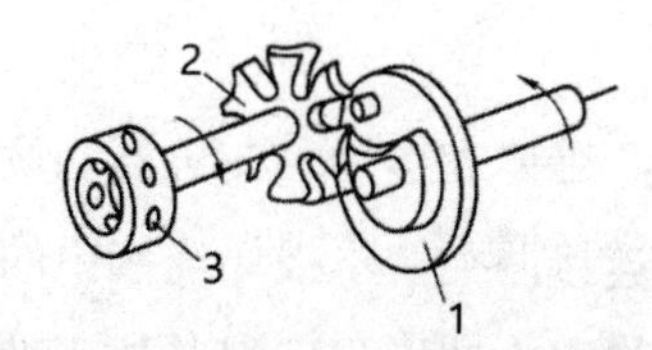

图3–6　六角车床刀架的转位槽轮机构

三、不完全齿轮机构简介

如图3-7所示为不完全齿轮机构。不完全齿轮机构的主动轮一般为只有一个或几个齿的不完全齿轮，从动轮可以是普通的完整齿轮，也可以是一个不完全齿轮。这样当主动轮的有齿部分作用时，从动轮随主动轮转动，当主动轮无齿部分作用时，从动轮应停止不动，因而当主动轮做连续回转运动时，从动轮可以得到间歇运动。为了防止从动轮在停止期间的运动，一般在齿轮上装有锁止弧。

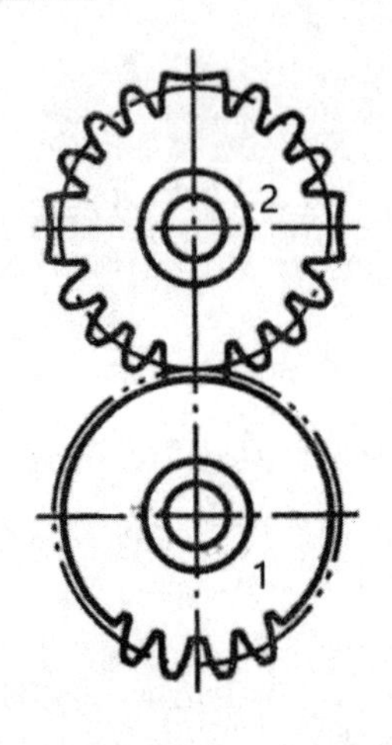

1—主动轮；2—从动轮

图3-7　不完全齿轮机构

不完全齿轮机构与其他机构相比，结构简单，制造方便，从动轮的运动时间和静止时间的比例可不受机构结构的限制。但由于齿轮传动为定传动比运动，所以从动轮从静止到转动或从转动到静止时，速度有突变，冲击较大，所以一般只用于低速或轻载场合。如用于高速运动，可以采用一些附加装置（如具有瞬心线附加杆的不完全齿轮机构）等，来降低因从动轮速度突变而产生的冲击。

第二节　键连接与销连接

为了便于机器的制造、安装、维修和运输，在机器和设备的各零部件间广泛采用各种连接。连接分可拆连接和不可拆连接两类。不损坏连接中的任一零件就可将被连接件拆开的连接称为可拆连接，这类连接经多次装拆仍无损其使用性能，如螺纹连接、键连接和销连接等。不可拆连接是指至少必须毁坏连接中的某一部分才能拆开的连接，如焊接、铆钉连接和黏接等。

一、键连接

键连接主要用于轴上零件的轴向固定并传递转矩，有些兼做轴上零件的轴向固定，还有的对沿轴向移动的零件起导向作用。

（一）键连接的类型、特点和应用

键是标准件，按结构特点及工作原理，键连接可分为平键连接、半圆键连接和楔键连接等。

1. 平键连接

如图3-8所示，键的两侧面为工作面，靠键与键槽间的挤压力传递转矩。由于结构简单、装拆方便、对中较好，平键连接广泛用于传动精度较高的场合。按用途将平键分为普通平键、导向平键和滑键三种。

如图3-8所示，按结构普通平键分为圆头（A型）、平头（B型）和单圆头（C型）三种。A型键定位好，应用广泛。C型键用于轴端。A、C型键的轴上键槽用指状铣刀加工，端部应力集中较大。B型键的轴上键槽用盘状铣刀加工，轴上应力集中较小，但键在键槽中的轴向固定不好，故尺寸较大的键要用紧定螺钉压紧。

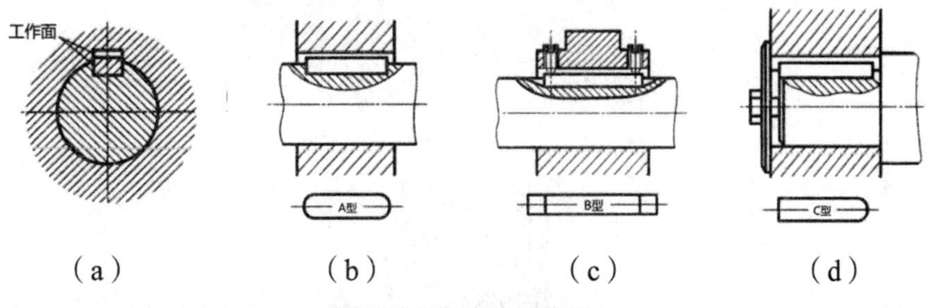

图3-8　普通平键连接

导向平键是加长的普通平键，如图3-9所示，有圆头（A型）和方头（B型）两种。导向平键用螺钉固定在轴上，轮毂可沿键做轴向移动。为拆卸方便，在键的中部加工有起键用的螺钉孔。

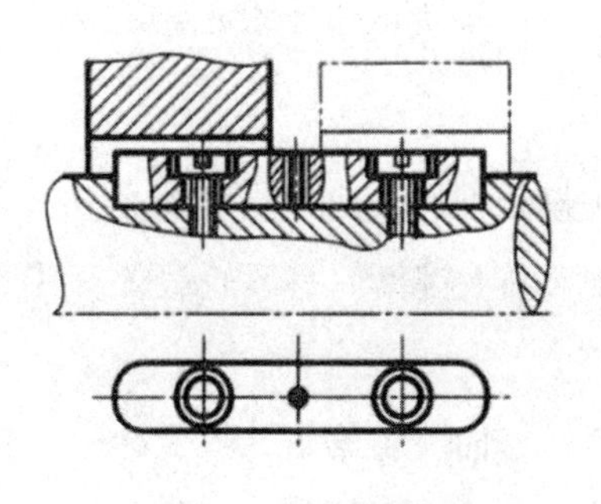

图3-9　导向平键连接

当轴上零件移动距离较大时，可用滑键连接，如图3-10所示。滑键固定在轮毂上，轮毂带着滑键在轴上键槽中做轴向移动，故需要在轴上加工长键槽。

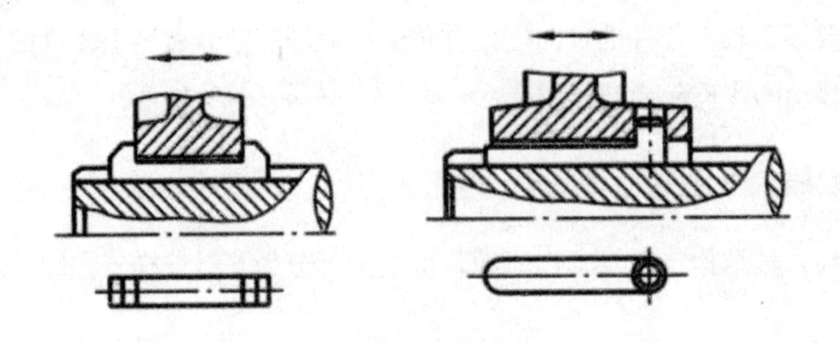

图3-10　滑键连接

2.半圆键连接

如图3-11所示，键的底面为半圆形。工作时靠两侧面传递转矩，键在槽中能绕几何中心摆动，以适应轮毂上键槽的斜度。但轴上键槽较深，对轴的强度削弱较大，主要用于轻载时锥头与轮毂的连接。

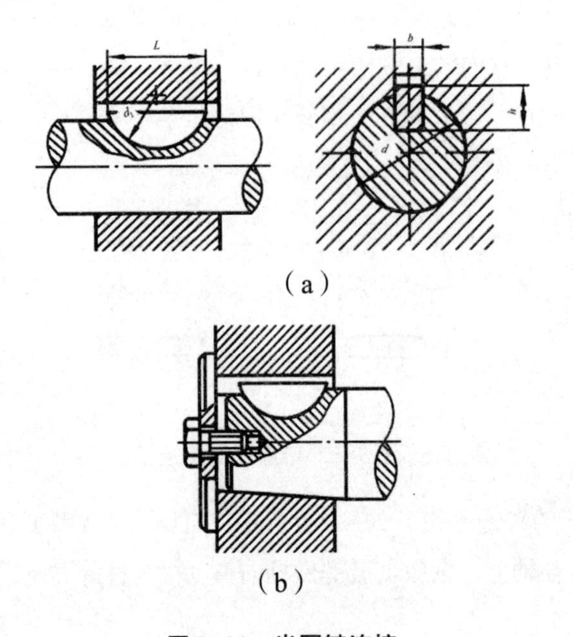

图3-11　半圆键连接

3.楔键连接

楔键分为普通楔键和钩头楔键两种，前者又分为圆头（A型）和平头（B型）两种。圆头普通楔键是放入式的（放入轴上键槽后打紧轮毂），其他楔键都是打入式的（先将轮毂装到适当位置再将键打紧）。

楔键在楔紧后迫使轴上零件与轴产生偏斜，故受冲击、受载荷作用时，楔键连接容易松动。楔键连接只适用于对中性要求不高、载荷平稳、低速运转的场合，如农业机械、建筑机械等。

（二）平键的选择和强度校核

1.平键的选择

首先根据键连接的工作要求和使用特点选择平键的类型，再按照轴径d从标准中选取键的剖面尺寸。键的长度一般按轮毂宽度选取，即键长等于或略短于轮毂宽度，并应符合标准值。

2.平键连接的强度校核

键连接的主要失效形式是较弱工作面的压溃（静连接）或过度磨损（动连接）。因此，按挤压应力或压强进行条件性计算，其校核公式为

$$\sigma_p = \frac{4T}{dhl} \leqslant \left[\sigma_p\right] [\text{或} p = \frac{4T}{dhl} \leqslant p$$

式中，T——传递的转矩（N·mm）；

d——轴的直径（mm）；

h——键的高度（mm）。；）。

$[\sigma_p]$（或$[p]$）一键连接的许用挤压应力（或许用压强$[p]$）（MPa），计算时应取连接中较弱材料的值，见表3-1。

表3-1　键连接的许用挤压应力和许用压强（MPa）

许用值	材料	载荷性质		
		静载荷	轻微载荷	冲击
$[\sigma_p]$	钢	125 ~ 150	100 ~ 120	60 ~ 90
	铸铁	70 ~ 80	50 ~ 60	30 ~ 45
$[p]$	钢	50	40	30

如果单键强度不够，可适当增加轮毂宽和键长，或用间隔的两个键。考虑到载荷分布的不均匀性，双键连接的强度可按1.5个键计算。

（三）花键连接

花键连接是由在轴上加工出的外花键齿和在轮毂孔加工出的内花键所构成的连接，如图3-12所示。其优点是：齿数多，承载能力强；槽较浅，应力集中小；对轴和毂的强度削弱较小，对中性和导向性好。因此，广泛应用于定心精度要求高和承载较大的场合。花键已标准化，按齿形不同，常用的花键分为矩形花键和渐开线花键。

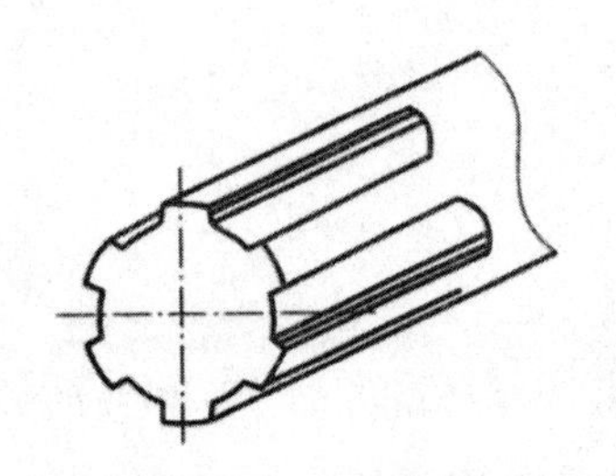
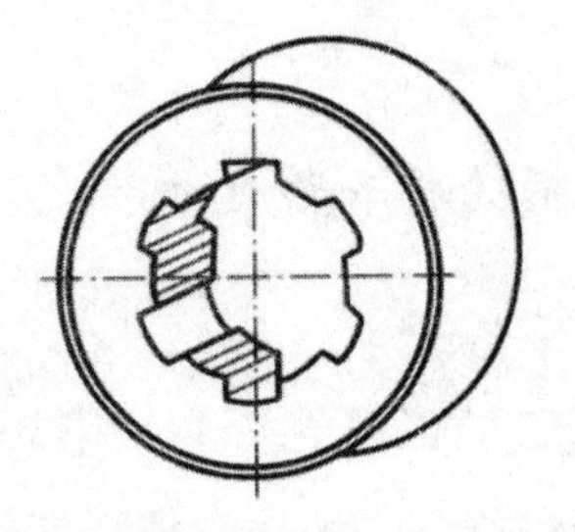

图3-12　花键连接

1.矩形花键

如图3-13（a）矩形花键的键齿面为矩形，按齿数和尺寸不同，矩形花键分轻、中两系列，分别适用轻、中两种不同的载荷情况。矩形花键连接采用小径定心，其定心精度高。花键轴和孔可采用热处理后再磨削的加工方法。

2.渐开线花键

如图3-13（b）渐开线花键的键齿面为渐开线，齿根较宽，强度较高，受载时齿上有径向分力，能起到自动定心的作用，有利于保证同轴度。渐开线花键工艺性好，可用加工齿轮的方法加工，适用于载荷较大、尺寸较大的连接。

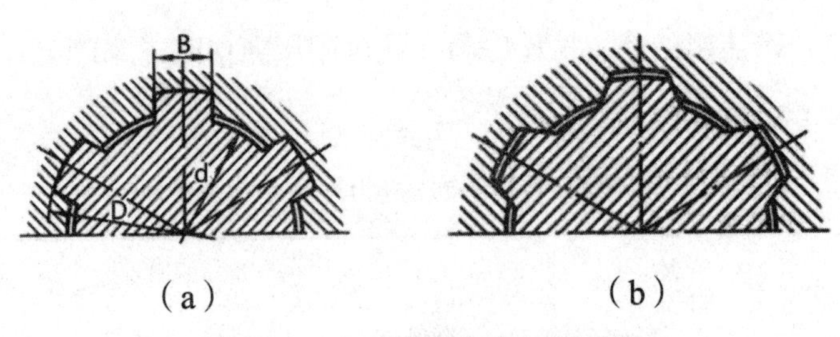

（a）　　（b）

图3-13　矩形花键和渐开线花键

渐开线花键的主要参数为模数m、齿数z、分度圆压力角以$\alpha=30°$或45°。$\alpha=45°$的渐开线花键齿数多、模数小，不易发生根切，多用于轻载、薄壁零件和较小直径的连接。

二、销连接

销连接主要用于零件定位，也可用于轴与轴上零件的连接，还可作为过载的剪断元件，如图3-14、图3-15所示。按形状销连接可分为圆柱销、圆锥销和开口销等。圆柱销靠微量的过盈与铰制的销孔配合，不宜多次装拆，以免降低牢固性和定位精度。圆锥销有1∶50的锥度，以小端直径为标准值，靠锥面的挤压作用固定在铰光的锥孔中，定位精度高，自锁性能好，拆装方便。开口销是一种防松零件，常与槽形螺母一起使用。

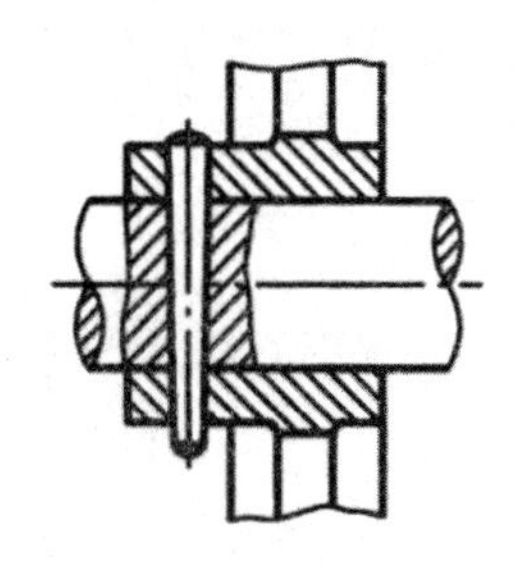

图3-14 销连接

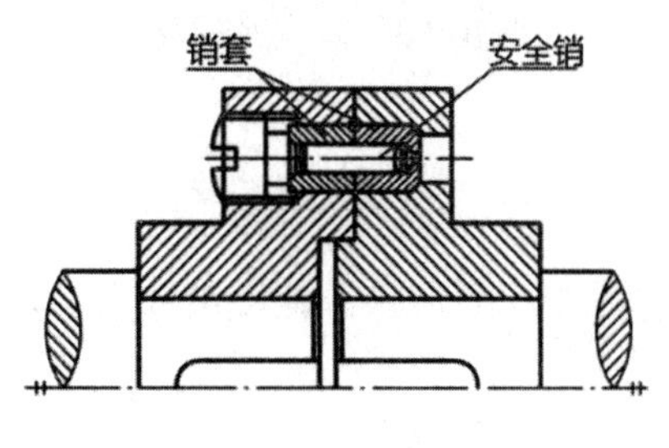

图3-15 安全销

销是标准件，销的类型按工作要求选择。用于连接的销，可根据连接的结构特点按经验确定直径，必要时再做强度校核；定位销一般不受载荷或受很小载荷，其直径按结构确定；安全销直径按销的剪切强度计算。

第三节 螺纹连接与螺旋传动

在工业各部门和日常生活中广泛应用着带有螺纹的零件。螺纹零件按用途分为两种：一种是利用螺纹零件将需要固定的零件连接起来，称为螺纹连接；另一种是利用螺纹把回转运动变为直线运动，称为螺旋传动。

一、螺纹连接基本知识

螺纹连接是利用带有螺纹的零件构成的可拆连接，其结构简单，装拆方便，成本低廉，广泛应用于各类机械设备中。

（一）螺纹的形成

螺纹的形成如图3-16所示，将一个底边长度等于弧的直角三角形K绕在一直径为d的圆柱体上，使其底边与圆柱体底边重合，则此三角形的斜边在圆柱体表面形成的空间曲线称为螺旋线。取一平面图形（如三角形、梯形或锯齿形等），使其沿着螺旋线运动，并保证该图形所在的平面始终通过圆柱体的轴心线*yy*，则该图形在空间所形成的螺旋体即称为螺纹。

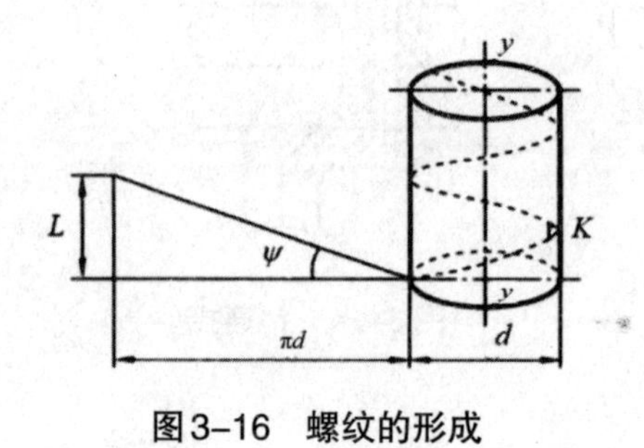

图3–16 螺纹的形成

（二）螺纹的种类

螺纹的种类很多，根据平面图形的形状，螺纹可分为三角形、矩形、梯形和锯齿形螺纹等。

根据螺旋线的绕行方向，可分为左旋螺纹和右旋螺纹，规定将螺纹直立时螺旋线向右上升为右旋螺纹，如图3-17（a）所示；向左上升为左旋螺纹，如图3-17（b）所示。机械制造中一般采用右旋螺纹，有特殊要求时，才采用左旋螺纹；根据螺旋线的数目，可分为如图3-17（a）所示的单线螺纹和如图3-17（b）所示的等距排列的多线螺纹。为了制造方便，螺纹一般不超过4线。

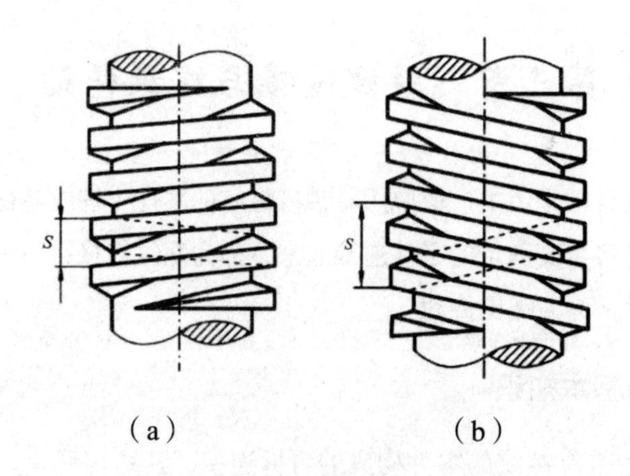

图3–17 不同旋向和线数的螺纹

三角形螺纹主要用于连接，矩形、梯形和锯齿形螺纹主要用于传动。除矩形螺纹外，其他三种螺纹均已标准化。

（三）螺纹的主要参数

在普通螺纹基本牙型中，外螺纹直径用小写字母表示，内螺纹直径用大写字母表示。

1. 大径（d，D）——螺纹的最大直径，即与外螺纹牙顶相重合的假想圆柱面直径，也称公称直径。外螺纹记为d，内螺纹记为D。

2. 小径（d_1，D_1）——螺纹的最小直径，即与外螺纹牙底相重合的假想圆柱面直径，也是螺杆强度计算时的危险截面的直径。外螺纹记为d_1，内螺纹记为D_1。

3. 中径（d_2、D_2）——在轴向剖面内牙厚与牙间宽相等处的假想圆柱面的直径，$d_2 \approx 0.5(d+d_1)$。外螺纹记为d_2，内螺纹记为D_2。

4. 螺距P——相邻两牙在中径线上对应两点间的轴向距离。

5. 导程（S或L）——同一条螺旋线上相邻两牙在中径圆柱面的母线上的对应两点间的轴向距离。对于单线螺纹有$L=P$，对于多线螺纹有$L=nP$。

6. 线数n——螺纹的螺旋线数目，一般为便于制造$n=4$，螺距、导程、线数之间关系为$L=nP$。

7. 螺旋升角ψ——中径圆柱面上，螺旋线的切线与垂直于螺旋线轴线的平面的夹角。

$$\tan\psi = \frac{L}{\pi d_2} = \frac{nP}{\pi d_2}$$

8. 牙型角α——在螺纹轴向平面内螺纹牙型两侧边的夹角。三角形螺纹的牙型角为60°。

9. 牙侧角β——螺纹牙的侧边与螺纹轴线的垂线之间的夹角，对称牙型的$\beta=\alpha/2$。

（四）常用螺纹的特点及应用

1. 普通螺纹

普通螺纹即米制三角螺纹，牙型角α=60°，螺纹大径为公称直径，以mm为单位。同一公称直径下有多种螺距，其中螺距最大的称为粗牙螺纹，其余的称为细牙螺纹。

普通螺纹的当量摩擦系数较大，自锁性能好，螺纹牙根的强度高，广泛应用于各种紧固连接。一般连接多用粗牙螺纹。细牙螺纹螺距小、升角小、自锁性能好，但螺纹牙强度低、耐磨性较差、易滑脱，常用于细小零件、薄壁零件或受冲击、振动和变载荷的连接，还可用于微调机构的调整。

2. 管螺纹

管螺纹是英制螺纹，牙型角α=55°。公称直径为管子的内径。按螺纹是制作在柱面上还是在锥面上，可将管螺纹分为圆柱管螺纹和圆锥管螺纹。前者用于低压场合，后者适用于高温、高压或对密封性要求较高的管连接。

3. 矩形螺纹

矩形螺纹的牙型为正方形，牙型角α=0°。矩形螺纹传动效率最高，但精加工较困难，牙根强度低，且螺旋副磨损后的间隙难以补偿，使传动精度降低，常用于传力或传导螺旋。矩形螺纹尚未标准化，已逐渐被梯形螺纹所替代。

4. 梯形螺纹

梯形螺纹的牙型为等腰梯形，牙型角α=30°。梯形螺纹传动效率略低于矩形螺纹，但工艺性好，牙根强度高，螺旋副对中性好，可以调整间隙，广泛用于传力或传导螺旋，如机床的丝杠、螺旋举升器等。

5. 锯齿形螺纹

锯齿形螺纹的工作面的牙型斜角为3°，非工作面的牙型斜角为30°。它综合了矩形螺纹效率高和梯形螺纹牙根强度高的特点，但仅能用于单向受力的传力螺旋。

（五）螺纹连接的基本类型

合理选择螺纹连接需要了解螺纹连接类型的特点及应用场合。正确选用连接类型，熟悉常用连接件的有关国家标准是设计螺纹连接所必须掌握的基本知识。

螺纹连接是由带螺纹的零件，即螺纹紧固件和被连接件组成的。常用连接的基本类型有螺栓连接、双头螺柱连接、螺钉连接以及紧定螺钉连接。

（六）标准螺纹连接件

螺纹连接件的类型很多，在机械制造中常见的螺纹连接件有螺栓、双头螺柱、螺钉、螺母和垫圈等。这类零件的结构形式和尺寸都已标准化，设计时根据有关标准使用。

二、螺纹连接的预紧和防松

（一）螺纹连接的预紧

除个别情况外，螺纹连接在装配时都必须拧紧，称为预紧。预紧的目的是增强连接的可靠性、紧密性和防松能力。当螺栓连接受螺栓拧紧力矩T时，被连接零件间产生预紧压力F_0，而螺栓则受到预紧拉力，此力称为螺栓的预紧力。

对于重要的螺纹连接，应控制其预紧力，因为预紧力的大小对螺纹的可靠性、强度和密封性均有很大的影响。如在气缸盖螺栓连接中，预紧力过小时，在工作过程中，缸盖和缸体之间可能出现间隙而漏气。当预紧力过大时，又可能使螺栓拉断。预紧力F_0的大小取决于拧紧力矩T。因此，在装配螺栓连接时，要对拧紧力矩予以控制。可采用测力矩扳手（见图3-18）来控制T，也可测量拧紧螺母后螺栓的伸长量，以此来控制预紧力F_0。

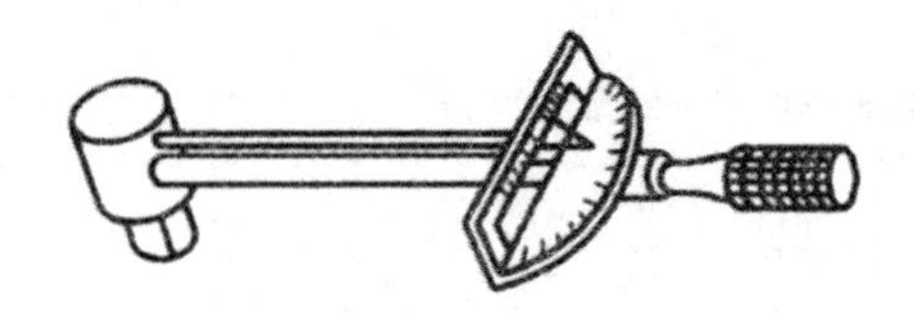

图3–18 测力矩扳手

扳手力矩为

$$F \approx 0.2F_0 d(\mathrm{N \cdot m})$$

式中：F_0——预紧力（N）；

d——螺纹的公称直径（mm）。

在比较重要的连接中，若不能严格控制预紧力大小，而只依靠安装经验来拧紧螺栓时，为避免螺栓拉断，通常不宜采用小于M12的螺栓，一般常用M12、M24的螺栓。

（二）螺纹连接的防松

1.防松的目的

实际工作中，外载荷有振动、变化、材料高温蠕变等会造成摩擦力减少，螺纹副中正压力在某一瞬间消失，摩擦力为零，从而使螺纹连接松动，如经反复作用，螺纹连接就会松弛而失效。因此，必须进行防松，否则会影响正常工作，造成事故。

2.防松的原理

消除（或限制）螺纹副之间的相对运动，或增大相对运动的难度。

3.防松的方法

按其工作原理可分为摩擦防松、机械防松和永久防松三大类。

三、螺栓连接的设计和计算

（一）螺栓连接的失效形式和计算依据

螺栓连接中单个螺栓的受力分为轴向拉力和横向剪切力两种。前者的失效形式多为螺纹部分的塑性变形或断裂，如果连接经常拆装也可能导致滑扣；后者在工作时，螺栓在结合面处受剪，并与被连接孔相互挤压，其失效形式为螺杆被剪断、螺杆或孔壁被压溃等。

根据上述失效形式，对受拉螺栓主要以拉伸强度条件作为计算依据；对受剪螺栓则以螺栓的剪切强度条件、螺栓杆或孔壁的挤压强度条件作为计算依据。螺纹其他部分的尺寸是根据等强度条件确定的，通常无须进行强度计算。

下面分别按受拉和受剪两种类型讨论螺栓连接的强度计算。

（二）受拉螺栓连接的强度计算

1.松螺栓连接

如图3-18所示起重机的吊钩螺栓即属松连接，这种连接装配时不拧紧，螺栓只在工作时才受拉力F的作用。忽略零件的自重，螺栓的强度条件为

$$\sigma=\frac{4F}{\pi d_1^2}\leqslant[\sigma]$$

或

$$d_1\geqslant\sqrt{\frac{4F}{\pi[\sigma]}}$$

式中：F——轴向载荷（N）；

d_1——螺杆危险截面直径（mm），即为螺杆小径；

σ——螺栓的工作应力（MPa）；

$[\sigma]$——螺栓的许用拉应力（MPa）。

求出d_1后，应按螺纹标准选取螺纹公称直径d。

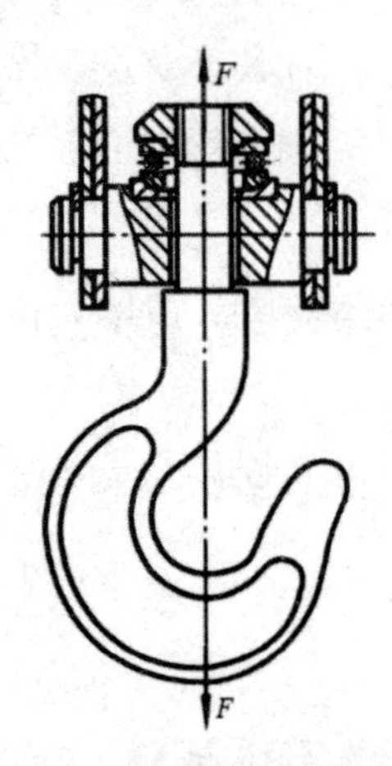

图3–19　起重机的吊钩螺栓

2.紧螺栓连接

受拉的紧螺栓在装配时必须拧紧，因此在承受工作载荷之前，螺栓就受到一定的预紧力（轴向拉力）。

（1）只受预紧力的螺栓连接

紧螺栓连接在装配时须拧紧螺母，所以螺栓除了受预紧拉力F作用外，还受螺纹阻力矩T_1的复合作用。因螺栓是塑性材料，复合应力σ_v可按第四强度理论计算，即

$$\sigma_v = \sqrt{\sigma^2 + 3\tau^2}$$

对于M10 ~ M68mm的普通螺栓，$\tau \approx 0.5\sigma$，因此

$$\sigma_v = \sqrt{\sigma^2 + 3\tau^2} \approx 1.3\sigma$$

在螺栓的危险截面上由F'产生的拉应力为

$$\sigma = \frac{4F'}{\pi d_1^2}$$

所以

$$\sigma_v = \frac{4 \times 1.3F'}{\pi d_1^2} \leqslant [\sigma]$$

或

$$d_1 \geqslant \sqrt{\frac{4 \times 1.3F'}{\pi[\sigma]}}$$

求出d_1后，应按螺纹标准选取螺纹公称直径d。

如图3-19所示为螺栓只受预紧力作用的紧螺栓连接。该连接受横向工作载荷F_s作用时，F_s的方向与螺栓轴线垂直。利用连接件接合面之间压力产生的摩擦力来传递横向外载荷。根据力的平衡条件有

$$KF_s = F'fz$$

即

$$F' = \frac{KF_s}{fz}$$

式中：F'——预紧力（N）；

F_s——横向载荷（N）；

f——接合面间的摩擦系数，对钢或铸铁，$f = 0.1 \sim 0.5$；

z——被连接件接合面数目；

K——可靠性系数，$K = 1.1 \sim 1.3$。

求出F'后，即可按式$\sigma_v = \frac{4 \times 1.3F'}{\pi d_1^2} \leqslant [\sigma]$进行螺栓强度计算。

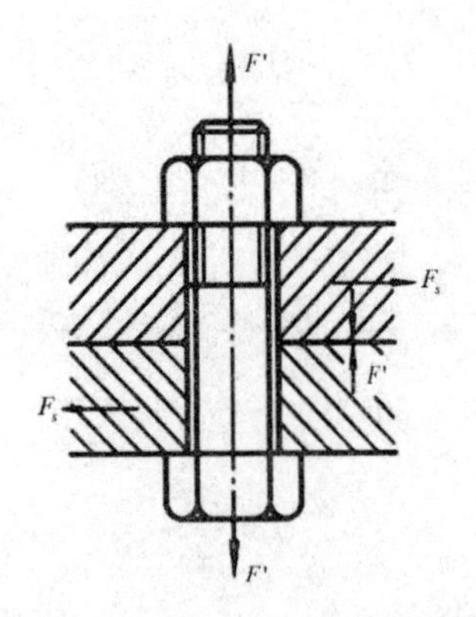

图3–20 只受预紧力作用的紧螺栓连接

（2）既受预紧力又受轴向工作载荷的螺栓强度计算

如图3-21所示的气缸盖螺栓连接，螺栓拧紧后，再受轴向工作载荷。由于螺栓和被连接件的弹性变形，螺栓所受的总载荷并不等于预紧力与轴向工作载荷之和，其大小取决于预紧力、轴向工作载荷、螺栓和被连接件的刚度。

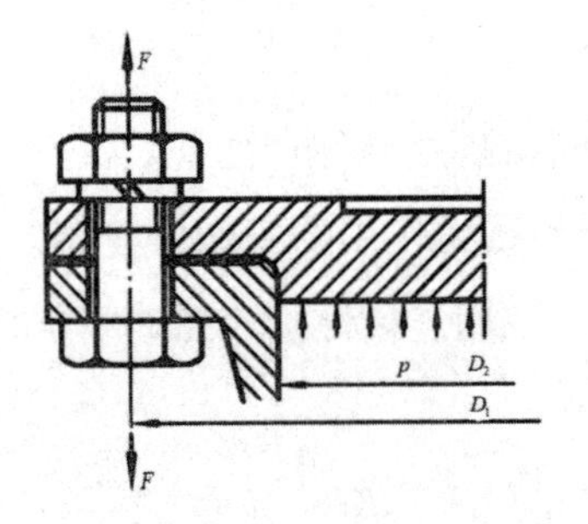

图3–21 气缸盖螺栓连接

（三）受剪螺栓连接的强度计算

如图3-22所示为铰制孔螺栓连接。当承受横向载荷时，螺栓杆受到剪切，孔壁和螺栓接触面受到挤压。这种连接的失效形式有两种：螺杆受剪面的塑性变形或剪断；螺杆与被连接件中较弱者的挤压面被压溃。

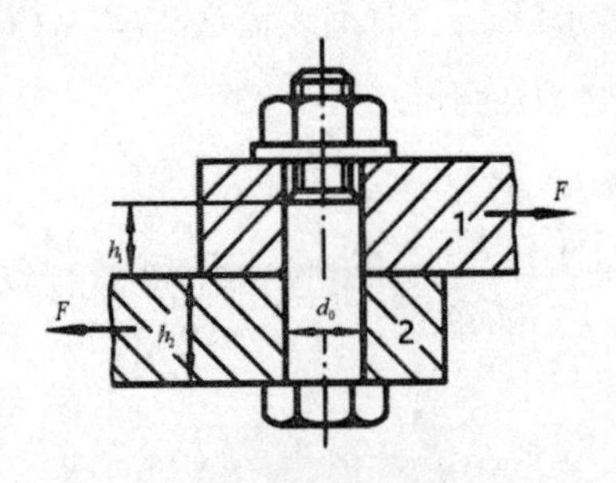

图3–22 铰制孔螺栓连接

由于装配时只须对连接中的螺栓施加较小的预紧力，可以忽略接合面间的摩擦，故其

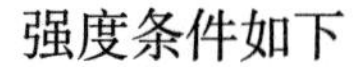

强度条件如下

剪切强度条件

$$\tau = \frac{4F}{\pi z d_0^2} \leqslant [\tau]$$

挤压强度条件

$$\sigma_p = \frac{F}{d_0 h} \leqslant [\sigma_p]$$

式中：F——横向工作载荷（N）；

z——螺杆剪切面的数目；

d_0——螺杆受剪面的直径（mm）；

h——被连接件受挤压孔壁的最小轴向长度（mm），取h_1、h_2中的小者，一般要求$h \geqslant 1.25d_0$；

$[\tau]$——螺杆的许用剪应力（MPa）；

$[\sigma_P]$——螺栓或被连接件中较弱者的许用挤压应力（MPa）。

（四）螺栓组连接的结构设计

工程中螺栓皆成组使用，单个使用极少，因此，必须研究螺栓组设计。它是单个螺栓强度计算的基础和前提条件。

螺栓组连接设计的顺序为选布局、定数目、力分析、设计尺寸。

螺栓组连接在设计时应综合考虑以下方面的问题：

1.螺栓的布置应使螺栓受力合理，布局要尽量对称分布，螺栓组中心与连接接合面形心重合（有利于分度、画线、钻孔），以使接合面受力比较均匀，如图3-23所示。

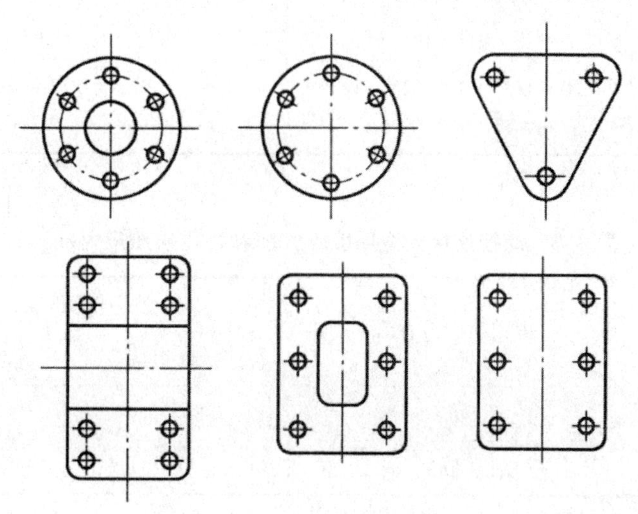

图3–23　螺栓组连接常用布置

2.螺栓排列应有合理的间距以及适当的边距，这样设计有利于扳手装拆。

3.应避免使螺栓产生附加弯曲应力。

四、螺栓连接的材料和许用应力

（一）螺纹连接件的常用材料

适合制造螺纹连接件的材料品种较多，普通垫圈的材料推荐采用Q235、15、35钢；弹簧垫圈用65Mn钢制造，并经热处理和表面处理。适合制造螺栓的材料应具有足够的强度、一定的塑性和韧性，而且便于加工。制造一般螺栓常用的材料为Q215、Q235、10、35和45等钢。对于承受冲击、振动或变荷载的螺纹连接件，可采用合金钢，如15Cr、40Cr、30CrMnSi等材料制造。对于特殊用途的螺纹连接件，可采用特种钢、铜合金、铝合金等材料制造。选择螺母的材料时，考虑到更换螺母比更换螺栓更经济、方便，所以应使螺母材料的强度低于螺栓材料的强度。

（二）螺栓连接的许用应力和安全系数

螺栓连接的许用拉应力、许用剪应力、许用挤压应力和安全系数按表3-2、表3-3和表3-4选取。

表3–2　螺栓连接的许用拉应力$[\sigma]$（MPa）

<table>
<tr><td colspan="2">松连接，$0.6\sigma s$</td><td colspan="5">严格控制预紧力的紧连接，（0.6 ~ 0.8）σs</td></tr>
<tr><td rowspan="4">不严格控制预紧力的紧连接载荷性质</td><td rowspan="2">材料载荷性质</td><td colspan="3">静载荷</td><td colspan="2">变载荷</td></tr>
<tr><td>M6 ~ M16</td><td>M16 ~ M30</td><td>M30 ~ M60</td><td>M6 ~ M16</td><td>M16 ~ M30</td></tr>
<tr><td>碳钢</td><td>（0.25 ~ 0.33）σs</td><td>（0.33 ~ 0.50）σs</td><td>（0.50 ~ 0.77）σs</td><td>（0.10 ~ 0.15）σs</td><td>$0.15\sigma s$</td></tr>
<tr><td>合金钢</td><td>（0.20 ~ 0.25）σs</td><td>（0.25 ~ 0.40）σs</td><td>$0.4\sigma s$</td><td>（0.13 ~ 0.20）σs</td><td>$0.20\sigma s$</td></tr>
</table>

注：σs为螺栓材料的屈服点，Mpa。

表3–3　螺栓连接的许用剪应力$[\tau]$和许用挤压应力$[\sigma_p]$

<table>
<tr><td rowspan="2">载荷性质</td><td rowspan="2">许用剪应力 $[\tau]$</td><td colspan="2">许用挤压应力 $[\sigma_p]$</td></tr>
<tr><td>被连接件为钢</td><td>被连接件为铸铁</td></tr>
<tr><td>静载荷</td><td>$0.4\sigma s$</td><td>$0.8\sigma s$</td><td>（0.4 ~ 0.5）σs</td></tr>
<tr><td>变载荷</td><td>（0.2 ~ 0.3）σs</td><td>（0.5 ~ 0.6）σs</td><td>（0.3 ~ 0.4）σs</td></tr>
</table>

注：σs为钢材的屈服点，Mpa；σs为铸铁的抗拉强度，Mpa。

表3–4　紧螺栓连接的安全系数s（不控制预紧力时）

材料	静载荷		变载荷	
	M6 ~ M16	M16 ~ M30	M6 ~ M16	M16 ~ M30
碳素钢	4 ~ 3	3 ~ 2	10 ~ 6.5	6.5
合金钢	5 ~ 4	4 ~ 2.5	7.6 ~ 5	5

五、螺旋传动

螺旋传动由螺杆、螺母和机架组成，主要用于把回转运动变为直线运动，同时传递运动和动力。其应用广泛，如螺旋千斤顶、螺旋丝杠、螺旋压力机等。

（一）螺旋传动的类型与特点

根据用途，螺旋传动可分为传力螺旋、传导螺旋和调整螺旋三种类型。

1.传力螺旋

传力螺旋以传递动力为主，要求用较小的力矩转动螺杆（或螺母）而使螺母（或螺杆）产生轴向运动和较大的轴向力，这个力可以用来完成起重和加压等工作，如图3-24所示的螺旋千斤顶等。

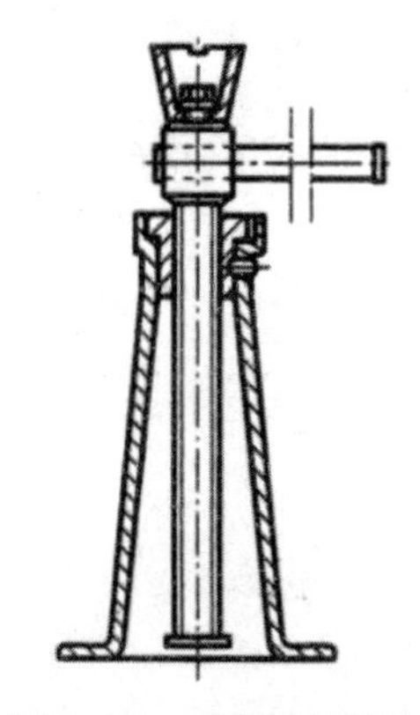

图3–24　螺旋千斤顶

2.传导螺旋

传导螺旋以传递运动为主，并要求有较高的运动精度，速度较高且能较长时间连续工作，如机床刀架的进给机构。

3.调整螺旋

调整螺旋不经常转动，主要用于调整并固定零部件之间的相互位置，如机床卡盘、压力机的调整螺旋。

（二）滚动螺旋传动

根据螺旋副的摩擦情况，螺旋传动可分为滑动螺旋、滚动螺旋和静压螺旋。滑动螺旋结构简单、加工方便、易于自锁、运转平稳无噪声，所以应用最广。它的缺点是工作时滑动摩擦阻力大、传动效率低（一般为30% ~ 40%）、螺纹表面磨损快、传动精度低、低速时有爬行现象。滚动螺旋和静压螺旋的摩擦阻力小、传动效率高，但结构较复杂、制造困难、成本高、加工不方便，只有在高精度、高效率的机械中才宜采用。

在螺杆和螺母之间设有封闭循环的滚道，滚道间充以钢珠，这样就使螺旋副的摩擦成为滚动摩擦，这种螺旋称为滚动螺旋或滚珠丝杠。滚动螺旋按滚道回路形式的不同，分为外循环和内循环两种。钢珠在回路过程中离开螺旋表面的称为外循环，如图3-25（a）所示。钢珠在整个循环过程中始终不脱离螺旋表面的称为内循环，如图3-25（b）所示。

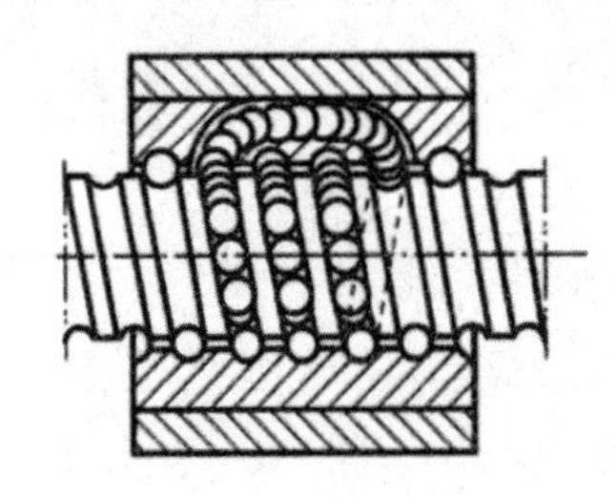

（a）外循环

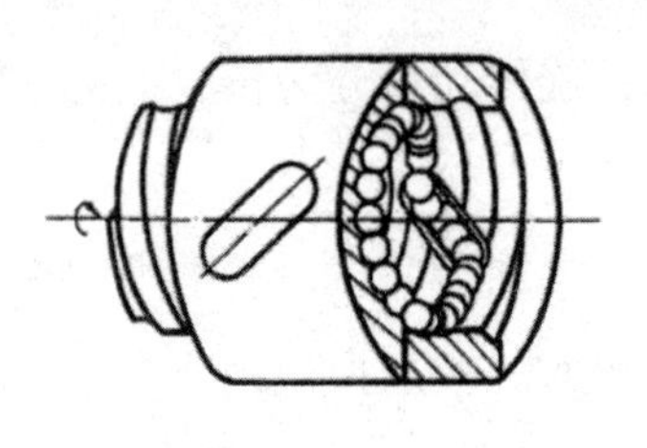

（b）内循环

图3–25　滚动螺旋

第四章　机械轮结构的设计

第一节　凸轮机构设计

一、凸轮机构的应用和类型

（一）凸轮机构的组成及应用

在各种机械中，尤其是在自动化和半自动化控制装置中，广泛采用着各种形式的凸轮机构。

如图4-1所示为内燃机配气凸轮机构。凸轮1以等角速度回转时，它的轮廓驱使从动件2（阀杆）按内燃机工作循环的要求启闭阀门。

如图4-2所示为自动机床上控制刀架运动的凸轮机构。当圆柱凸轮1回转时，凸轮凹槽侧面驱使杆2运动，以驱动刀架运动。凹槽的形状将决定刀架的运动规律。

图4-1　内燃机配气凸轮机构

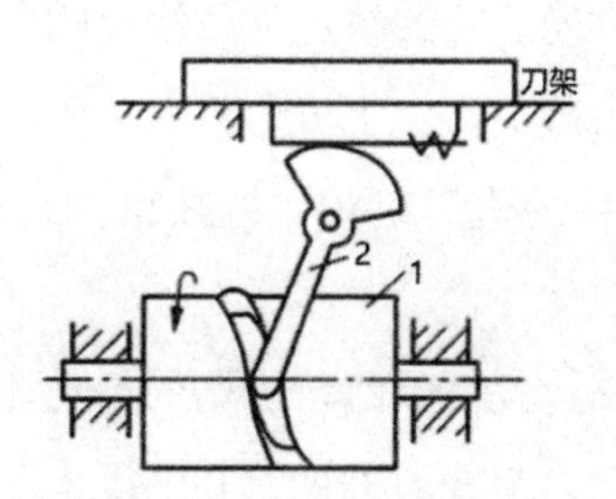

图4-2　自动机床上控制刀架运动的凸轮机构

如图4-3所示为自动送料机构。当带有凹槽的凸轮1转动时，通过槽中的滚子驱使从动件2做往复移动。凸轮每回转一周，从动件即从储料器中推出一个毛坯，送到加工位置。

如图4-4所示为录音机卷带装置中的凸轮机构，凸轮1随放音键上下移动。放音时，凸轮1处于图示最低位置，在弹簧6的作用下，安装于带轮轴上的摩擦轮4紧靠卷带轮5，从而将磁带卷紧。停止放音时，凸轮1随按键上移，其轮廓压迫从动件2顺时针摆动，使摩擦轮与卷带轮分离，从而停止卷带。

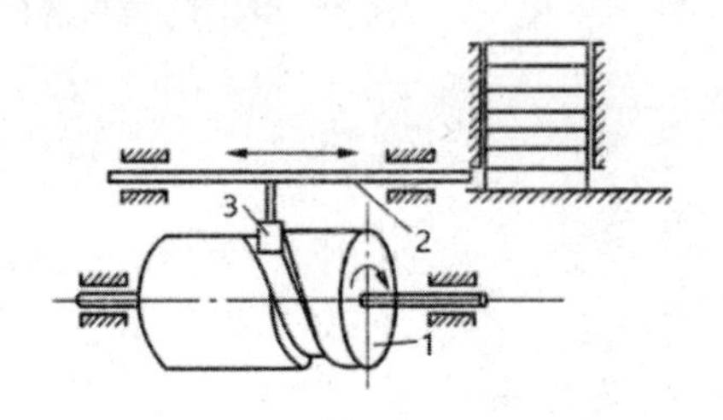

图4–3　自动送料机构

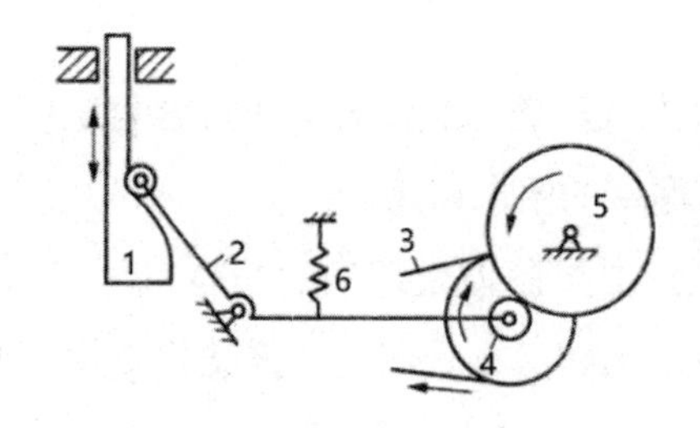

图4–4　录音机卷带装置中的凸轮机构

由以上所举的例子可以看出，凸轮是一个具有曲线轮廓或凹槽的构件，被凸轮直接推动的构件称为推杆（又常称为从动件）。故凸轮机构一般是由凸轮、从动件和机架组成的高副机构。凸轮通常为主动件，做连续等速转动；从动件根据使用要求设计，使它获得一定规律的运动，例如连续往复运动、间歇运动或摆动，亦即可使从动件做连续的或不连续的任意预期运动。

凸轮机构的优点是只须设计适当的凸轮轮廓，便可精确地使从动件得到所需的运动规律，并且结构简单紧凑，设计方便。它的缺点是凸轮轮廓与从动件之间为点、线接触，易磨损，所以不宜承受重载或冲击载荷。由于传力不大，所以常用于传力不大的控制机构，如补鞋机、配钥匙机、自动机床的进刀机构、缝纫机挑线机构中等。此外，凸轮制造较困难。

一方面，现代机械日益向高速发展，凸轮机构的运动速度也愈来愈高，因此高速凸轮的设计及其动力学问题的研究已引起普遍重视，并已提出了许多适用于在高速条件下采用的推杆运动规律以及一些新型的凸轮机构。另一方面，随着计算机的发展，凸轮机构的计算机辅助设计和制造已获得普遍的应用，从而提高了凸轮的设计和加工的速度及质量，这也为凸轮机构的更广泛应用创造了条件。

（二）凸轮机构的分类

凸轮机构的类型很多，通常按凸轮和从动件的形状、运动形式分类。

1.按凸轮的形状分类

（1）盘形凸轮。如图4-5（a）所示，它是凸轮的最基本形式。这种凸轮是一个绕固定轴转动并且具有变化半径的盘形零件。

（2）移动凸轮。如图4-5（b）所示，当盘形凸轮的回转中心趋于无穷远时，凸轮相对机架做直线运动，这种凸轮称为移动凸轮。

（3）圆柱凸轮。如图4-5（c）所示，这种凸轮是一个在圆柱面上开有曲线凹槽，或是在圆柱端面上做出曲线轮廓的构件。由于凸轮与推杆的运动不在同一平面内，所以是一种空间凸轮机构。圆柱凸轮可看作是将移动凸轮卷于圆柱体上形成的。

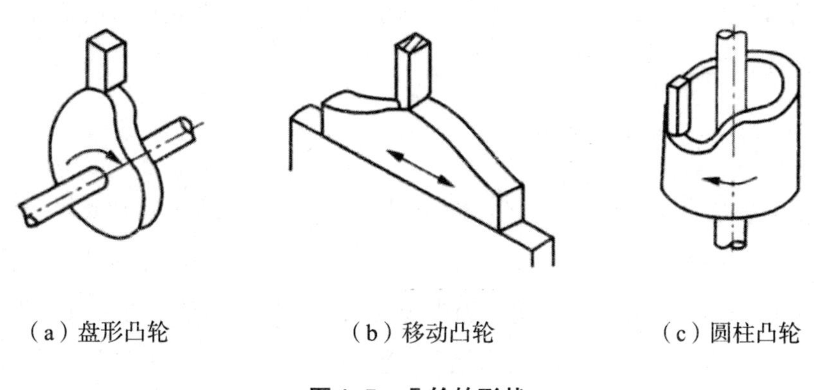

（a）盘形凸轮　　（b）移动凸轮　　（c）圆柱凸轮

图4–5　凸轮的形状

2.按从动件形状分类

（1）尖顶从动件。这种从动件的构造最简单，尖顶能与任意复杂的凸轮轮廓保持接触，因而能实现任意预期的运动规律。但因为尖顶磨损快，所以只宜用于受力不大的低速凸轮机构中，如用于仪表等机构中。

（2）滚子从动件。这种从动件由于滚子与凸轮轮廓之间为滚动摩擦，所以磨损较小，故可用于传递较大的动力，是最常用的一种从动件形式。

（3）平底从动件。这种从动件与凸轮轮廓表面接触的端面为一平面，所以它不能与凹陷的凸轮轮廓相接触。这种从动件的优点是：当不考虑摩擦时，凸轮与从动件之间的作用力始终与从动件的平底垂直，传动效率较高，且接触面易于形成油膜，利于润滑，故常用于高速凸轮机构。

3.按从动件运动形式

根据从动件运动形式，可分为直动从动件和摆动从动件两种。对于直动从动件来说，根据从动件的导路是否通过凸轮的回转中心，又可分为对心直动从动件和偏置直动从动件。

综合上述分类方法，就可得到各种不同类型的凸轮机构。例如，如图4-1所示为摆动滚子推杆盘形凸轮机构。

此外，根据凸轮和推杆保持接触的方法不同，凸轮机构又可分为两大类：

①采用重力、弹簧力使从动件端部与凸轮始终相接触的方式称为力锁合，如图4-1、图4-4所示。

②采用特殊几何形状实现从动件端部与凸轮相接触的方式称为形锁合，如图4-2、图4-3所示。

二、从动件的常用运动规律

凸轮机构设计的基本任务，是根据工作要求选定合适的凸轮机构的形式、推杆的运动规律和有关的基本尺寸，然后根据选定的推杆运动规律设计出凸轮应有的轮廓曲线。推杆运动规律的选择，关系到凸轮机构的工作质量。

（一）凸轮机构的工作过程

下面以对心尖顶直动从动件盘形凸轮机构为例，说明从动件的运动规律与凸轮轮廓线之间的相互关系。如图4-6所示，以凸轮的回转中心为圆心，以凸轮的最小向径为半径所作的圆称为基圆，基圆半径用r_b表示。当尖顶与凸轮轮廓上A点（基圆与轮廓AB的连接点）相接触时，从动件处于上升的起始位置。当凸轮以等角速度ω顺时针方向回转时，从动件尖顶被凸轮轮廓推动，以一定运动规律由离回转中心最近位置A到达最远位置B'，这个过程称为推程。这时它所走过的距离h称为从动件的升程，而与推程对应的凸轮转角ϕ称为推程运动角。当凸轮继续回转ϕ_s时，以O点为中心的圆弧BC与尖顶相作用，从动件在最远位置停留不动，这个过程称为远程休止。此时凸轮转过的角度ϕ_s，称为远休止角。凸轮继续回转ϕ'时，从动件在弹簧或重力作用下，以一定的运动规律从最远位置回到最近位置，这段过程称为回程，对应的凸轮转角ϕ'，称为回程运动角。当凸轮继续回转ϕ'_s时，以O点为圆心的圆弧DAA与尖顶相作用，从动件在最近位置停留不动，这个过程称为近程休止。此时凸轮转过的角度中ϕ'_s，称为近休止角。当凸轮继续回转时，从动件重复上述运动。

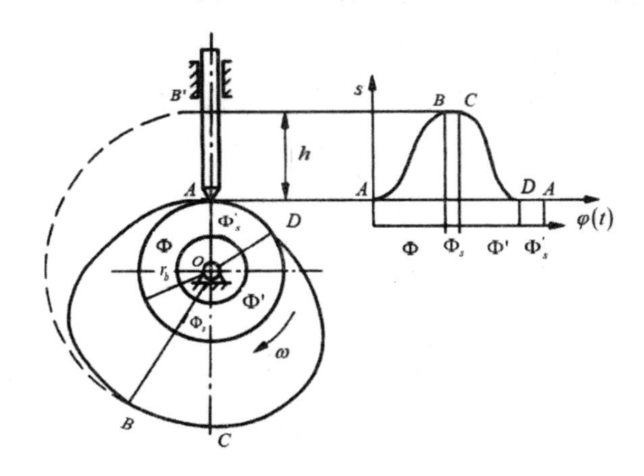

图4–6　凸轮轮廓与从动件位移线图

如果以直角坐标系的纵坐标代表从动件的位移s，横坐标代表凸轮的转角φ（通常凸轮做等角速度转动，故横坐标也代表时间t），从而可以画出从动件位移s和凸轮转角φ之间的关系曲线，如图4-6所示，称为从动件位移线图。

由上述分析可知，从动件的运动规律取决于凸轮轮廓曲线的形状。也就是说，从动件的不同运动规律要求凸轮具有不同的轮廓曲线。那么要设计出凸轮的轮廓曲线，就必须了解从动件的运动规律。下面介绍几种从动件常用的运动规律。

（二）从动件常用的运动规律

1. 等速运动规律

从动件推程做等速运动时，其位移线图为一斜直线，速度线图为一水平直线。运动开始时，从动件速度由0突变为v，故加速度a趋向于正无穷大；在运动终止时，速度由v突变为0，故加速度a趋向于负无穷大。这种使从动件在理论上出现瞬时无穷大加速度，致使从动件产生非常大的惯性力，使凸轮机构受到很大的冲击，这种冲击称为刚性冲击。刚性冲击会使从动件受到破坏，因此，这种运动规律不宜单独使用，在运动开始和终止段应当由其他运动规律过渡。

当单独采用这种运动规律时，只能用于凸轮转速很低以及轻载的场合。

2. 等加速等减速运动规律

等加速等减速运动规律是指从动件在一个行程中，前半行程做等加速运动，后半行程做等减速运动，两个部分加速度绝对值相等。

3. 余弦加速度运动规律（简谐运动）

点在圆周上做匀速运动时，它在这个圆的直径上投影所构成的运动称为简谐运动。

4.正弦加速度运动规律（摆线运动）

正弦加速度运动规律既无速度突变，也没有加速度突变，不产生刚性或柔性冲击，故可用于高速凸轮机构。它的缺点是加速度最大值较大，惯性力较大，要求较高的加工精度。

三、图解法设计凸轮轮廓曲线

在合理地选择从动件的运动规律之后，根据工作要求、结构所允许的空间、凸轮转向和凸轮的基圆半径，就可设计凸轮的轮廓曲线。设计方法通常有图解法和解析法。图解法简单、直观，但精度有限，因此作图法适用于低速或精度要求不高的场合。解析法建立的凸轮轮廓的数学方程，经过编程，在数控机床上可以实现凸轮的数控切削加工或磨削，因此精度较高，适用于高速或要求较高的场合。

（一）图解法的原理

当凸轮机构工作时，凸轮是运动的，而绘制凸轮轮廓时，却须凸轮与图纸相对静止。所以用图解法绘制凸轮轮廓曲线要利用相对运动原理。

当凸轮以等角速度ω转动时，从动件将在导路内完成预期的运动规律。根据相对运动原理，如果给整个机构附加一个上绕凸轮轴心O的公共角速度$-\omega$，机构各构件间的相对运动不变，但这样凸轮将静止不动，而从动件一方面随机架和导路以角速度$-\omega$绕O点转动，另一方面又在导路中按原来的运动规律往复移动。由于尖顶始终与凸轮轮廓相接触，所以在从动件的这种复合运动中，其尖顶的运动轨迹就是凸轮轮廓曲线。这种按相对运动原理绘制凸轮轮廓曲线的方法称为“反转法”。

用“反转法”绘制凸轮轮廓，在已知从动件位移线图和基圆半径等后，主要包含三个步骤：将凸轮的转角和从动件位移线图分成对应的若干等份；用“反转法”画出反转后从动件各导路的位置；根据所分的等份，量得从动件相应的位移，从而得到凸轮的轮廓曲线。

（二）圆柱凸轮轮廓曲线的设计

圆柱凸轮机构是一种空间凸轮机构，其轮廓曲线为一条空间曲线，不能直接在平面上表示。但是圆柱面可以展成平面，圆柱凸轮展开后便成为平面移动凸轮。平面移动凸轮是盘形凸轮的一个特例，它可以看作转动中心在无穷远处的盘形凸轮。因此，可以应用前述盘形凸轮轮廓曲线设计的原理和方法，来绘制圆柱凸轮轮廓曲线的展开图。下面以图4-7所示的滚子直动从动件圆柱凸轮机构为例，来说明圆柱凸轮轮廓线的设计方法。

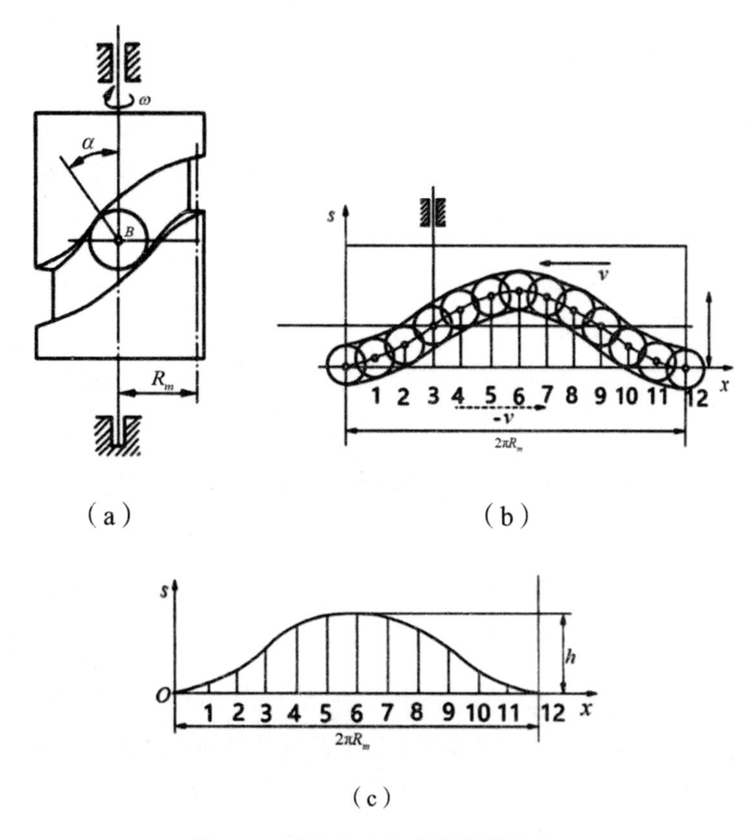

图4–7　滚子直动从动件圆柱凸轮

图4-7中，设凸轮的平均圆柱半径为R_m，滚子半径为r_T，凸轮的转动方向如图所示，从动件运动规律如图4-7（c）所示，则该凸轮轮廓曲线的展开图可按下述步骤设计：

1.以$2\pi R_m$为底边作一矩形，如图4-7（b）所示，该矩形代表以R_m为半径的圆柱面的展开面。

2.按照反转法，将x轴沿$-v$方向分成与4-7（c）位移线图中对应等份，得分点1、2、3、…、12。过各分点作一系列垂直于x轴的直线表示反转时的从动件导路，并按照图4-7（c）截取对应的位移量，即可作出凸轮的理论轮廓。

3.以理论轮廓上各点为圆心，以轮子半径为半径作许多小圆，然后作这些小圆的上、下两条包络线，即得凸轮槽的实际轮廓曲线。

四、凸轮机构基本参数设计

如上述，在用图解法设计凸轮轮廓线前，除了需要根据工作要求选定从动件的运动规律外，还需要确定凸轮机构的一些基本参数，如基圆半径、偏距、滚子半径等。一般来说，这些参数的选择除应保证使从动件能够准确地实现预期的运动规律外，还应当使机构具有良好的受力状况和紧凑的尺寸。

（一）压力角及其许用值

作用在从动件上的驱动力与该力作用点绝对速度之间所夹的锐角称为压力角，同连杆机构一样，压力角也是衡量凸轮机构传力特性好坏的一个重要参数。在不计摩擦的情况下，高副中构件间的力是沿法线方向作用的，因此对于高副机构，压力角也就是指接触轮廓法线与从动件速度方向所夹的锐角。

1.压力角与作用力的关系

在尖顶直动从动件盘形凸轮机构中，当不计凸轮与从动件之间的摩擦时，凸轮给予从动件的力F是沿法线方向的，从动件运动方向与力F之间的锐角即压力角。力F可分解为沿从动件运动方向的有用分力F'和使从动件紧压导路的有害分力F''，且

$$F''=F'\tan\alpha$$

上式表明，驱动从动件的有用分力F'一定时，压力角α越大，则有害分力F''越大，机构的效率越低。当压力角α增大到一定程度，有害分力F''在导路中所引起的摩擦阻力将大于有效分力F'，这时无论凸轮给从动件的作用力多大，从动件都不能运动，这种现象称为自锁。因此，从减小推力，避免自锁，使机构具有良好的受力状况来看，压力角应越小越好。

2.压力角与机构尺寸的关系

设计凸轮机构时，除了应使机构具有良好的受力状况外，还希望机构结构紧凑。而凸轮尺寸的大小取决于凸轮基圆半径的大小。在实现相同运动规律的情况下，基圆半径越大，凸轮的尺寸也越大，因此，要获得轻便紧凑的凸轮机构，就应当使凸轮基圆半径尽可能小。但是，必须指出，基圆半径减小会引起压力角增大，这可以从下面压力角计算公式 $\tan\alpha=\dfrac{\left|\dfrac{ds}{d\varphi}\mp e\right|}{s+\sqrt{r_b^2-e^2}}$ 得到证明。

3.许用压力角

一般情况下，人们总希望所设计的凸轮机构既有较好的传力特性，又具有较紧凑的尺寸。但由以上分析可知，这两者是互相制约的，因此，在设计凸轮机构时，应兼顾两者，统筹考虑。为了使机构能够正常工作并具有一定的传动效率，规定了压力角的许用值$[\alpha]$。凸轮轮廓曲线上各点的压力角一般是变化的，在设计时应使最大压力角不超过许用值，即在使$\alpha_{max}\leqslant[\alpha]$的前提下，选取尽可能小的基圆半径。

（二）基圆半径的确定

为了使机构具有良好的受力状况和结构紧凑，应在保证$\alpha_{max}\leqslant[\alpha]$的前提下，选择尽

可能小的基圆半径。

需要指出的是，在实际设计工作中，凸轮基圆半径的最后确定，还需要考虑机构的具体结构条件。例如，当凸轮与轴做成一体时，凸轮的基圆半径必须大于凸轮轴的半径；当凸轮是单独加工，然后装在轴上时，凸轮上要做出轴毂，凸轮的基圆直径应大于轴毂的外径。通常可取凸轮的基圆直径大于或等于轴径的1.6倍。

（三）从动件偏置方向的选择

在公式 $\tan\alpha = \dfrac{\left|\dfrac{ds}{d\varphi} \mp e\right|}{s + \sqrt{r_b^2 - e^2}}$ 中，e为从动件导路偏离凸轮回转中心的距离，称为偏距。增大偏距e既可使压力角的值减小，也可使压力角的值增大，究竟是减小还是增大，取决于凸轮的转动方向和从动件的偏置方向。当导路和瞬心在凸轮轴心O的同侧时，式中取“—”号，可使推程压力角减小；反之，当导路和瞬心P在凸轮轴心O的异侧时，式中取“+”号，推程压力角将增大。因此，为了减小推程压力角，应将从动件导路向推程相对速度瞬心的同侧偏置。但须注意用导路偏置法虽可使推程压力角减小，但同时却使回程压力角增大，所以偏距e不宜过大。

（四）滚子半径的选择

滚子从动件盘形凸轮的实际轮廓线，是以理论廓线上各点为圆心作一系列滚子圆，然后作该圆族的包络线得到的，因此，滚子半径的大小对凸轮实际轮廓有很大影响。

如图4-8所示，设理论轮廓外凸部分的最小曲率半径用ρ_{min}表示，滚子半径用r_T表示，则相应位置实际轮廓的曲率半径$\rho' = \rho_{min} - r_T$。

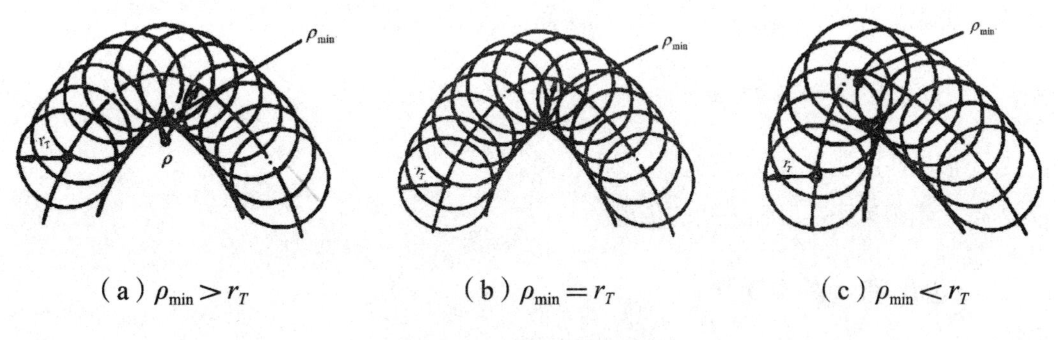

（a）$\rho_{min} > r_T$　　（b）$\rho_{min} = r_T$　　（c）$\rho_{min} < r_T$

图4-8　滚子半径的选择

当$\rho_{min} > r_T$时，如图4-8（a）所示，这时$\rho' > 0$，实际轮廓为一平滑曲线。

当$\rho_{min} = r_T$时，如图4-8（b）所示，这时$\rho' = 0$，在凸轮实际轮廓上产生了尖点，这种尖点极易磨损，磨损后就会改变原定的运动规律。

当$\rho_{min} < r_T$时，如图4-8（c）所示，这时$\rho' < 0$，实际轮廓曲线发生自交，交点以上的

轮廓曲线在实际加工时将被切去，使这一部分运动规律无法实现。

为了使凸轮轮廓在任何位置既不变尖，更不自交，滚子半径必须小于理论轮廓外凸部分的最小曲率半径（理论轮廓外凸部分对滚子半径的选择没有影响）。如果过小，按上述条件选择的滚子半径太小而不能满足安装和强度要求，就应当把凸轮基圆尺寸加大，重新设计凸轮轮廓。

第二节　齿轮结构设计

一、齿轮机构的特点和类型

齿轮机构是由主动齿轮、从动齿轮和机架所组成的一种高副机构。这种机构是通过成对的轮齿依次啮合来传递两轴之间的运动和动力的。它是机械传动中最重要的也是应用最广的一种传动机构。齿轮的质量直接影响或决定着机械产品的质量和性能。

（一）齿轮传动的主要优点

1.效率高（一般可以达到95%以上，精度较高的圆柱齿轮副可以达到99%）。

2.传动比稳定。

3.工作可靠，寿命长。

4.适用的速度和传递的功率范围广（可以从仪表中齿轮微小功率的传动到大型动力机械几万千瓦功率的传动，低速重载齿轮的转矩可以达到1.4×10^{6}N·m以上）。

5.可实现平行轴、任意角相交轴和任意角交错轴之间的传动。

（二）齿轮传动的缺点

1.要求较高的制造和安装精度，成本较高。

2.不适用于远距离两轴之间的传动。

二、齿廓啮合基本定律

齿轮传动的基本要求之一是瞬时传动比必须保持不变。否则，当主动轮等角速度回转时，从动轮的角速度为变量，从而产生惯性力。这种惯性力不仅影响齿轮的寿命，而且会引起机器的振动和噪声，影响其工作精度。要满足这一基本要求，则齿轮的齿廓曲线必须符合一定的条件。

如图4-9所示为两啮合齿轮的齿廓E_1和E_2在K点接触的情况。设主动轮1以角速度ω_1绕轴线O_1顺时针方向转动，则齿轮2受齿轮1的推动，以角速度ω_2绕轴线O_2逆时针方向转动，过K点作两齿廓的公法线n–n'，它与两轮连心线O_1O_2的交点C称为节点。由瞬心的知识可知，C点也是齿轮1、2的相对速度瞬心，即

$$v_c = \omega_1 \cdot \overline{OC_1} = \omega_2 \cdot \overline{O_2C}$$

则两轮的传动比

$$i_{12} = \frac{\omega_1}{\omega_2} = \frac{\overline{O_2C}}{\overline{O_1C}}$$

上式表明，为使两轮的传动比恒定，则应使$\overline{O_2C}/\overline{O_1C}$为常数。因两轮中心距$\overline{O_1O_2}$为定长，故要使$\overline{O_2C}/\overline{O_1C}$为常数，必须使$C$点为$O_1O_2$上的一个固定点。由此可得出如下结论：为了使两齿轮的传动比为一常数，齿廓的形状必须能实现不论齿廓在任何位置接触，过接触点所作的两齿廓的公法线必须与两轮连心线交于一定点C，这一规律称为齿廓啮合基本定律。

这个定点C称为两齿轮的节点，以两齿轮的轴心O_1、O_2为圆心，过节点C所作的两个相切的圆称为该对齿轮的节圆，以r_1'、r_2'分别表示两节圆半径。显然，当两齿轮相互啮合传动时，其运动相当于两节圆做纯滚动。又由图4-9可知，一对外啮合齿轮的中心距恒等于两节圆半径之和，角速比恒等于两节圆半径的反比。

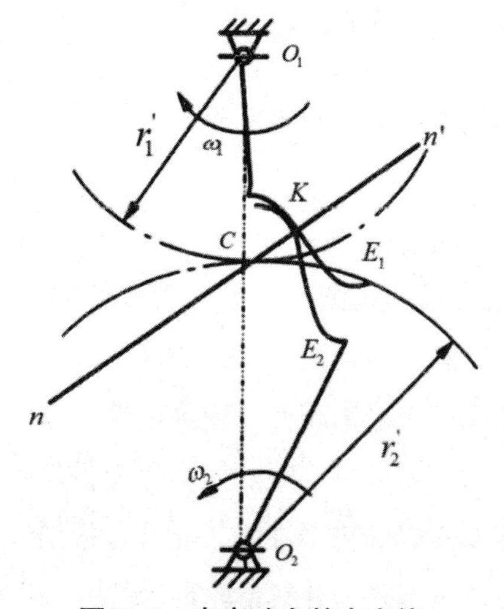

图4–9　齿廓啮合基本定律

凡能满足齿廓啮合基本定律的一对齿廓，称为共轭齿廓。在理论上可作为一对齿轮共轭齿廓的曲线有无穷多。但在生产实际中，齿廓曲线除满足齿廓啮合基本定律外，还要考虑到制造、安装和强度等要求。目前，工程上常用的齿廓曲线有渐开线齿廓、摆线齿廓和圆弧齿廓等。由于渐开线齿廓易于制造，故大多数的齿轮都是用渐开线作为齿廓曲线，高速重载的机器宜用圆弧齿廓曲线，本章只讨论渐开线齿轮传动。

三、渐开线及渐开线齿廓

（一）渐开线的形成及其性质

当一直线沿一个圆的圆周做纯滚动时，此直线上任一点的轨迹称为该圆的渐开线，该圆称为基圆，基圆的半径用r_b表示，该直线称为发生线，渐开线所对应的中心角称为渐开线段的展角。

由渐开线的形成过程可知，渐开线具有下列特性：

1.发生线在基圆上滚过的长度等于基圆上被滚过的圆弧长。

2.渐开线上任一点的法线必与基圆相切。当发生线冲，在基圆上做纯滚动，它与基圆的切点就是渐开线上某一点的瞬时速度中心。

3.渐开线的形状取决于基圆的大小。大小相等的基圆其渐开线的形状完全相同。

4.渐开线上各点的压力角不相等。渐开线齿廓上某点的法线（压力方向线），与齿廓上该点速度方向线所夹的锐角，称为该点的压力角。

5.因渐开线是从基圆开始向外展开的，故基圆以内无渐开线。

（二）渐开线齿廓的啮合及其特性

渐开线齿廓是以同一基圆上产生的两条方向相反的渐开线为轮齿的齿廓，渐开线齿廓啮合有以下特性：

1.渐开线齿轮传动的可分性

当一对渐开线齿轮制成之后，基圆半径是不会改变的，即使两轮安装的实际中心距与设计的中心距稍有误差，其瞬时传动比仍保持原值不变。这种性质称为渐开线齿轮传动的可分性。这一性质在生产实际中极为重要，因为齿轮的制造安装误差必不可免，加之使用日久、轴承磨损等原因，常常导致中心距的微小改变，但由于渐开线齿轮传动具有可分性，故仍能保持传动比恒定和良好的传动性能。此外，根据渐开线齿轮传动的可分性，还可以设计变位齿轮。因此，可分性是渐开线齿轮传动的一大优点。

2.渐开线齿廓的啮合线和啮合角

齿轮传动时，其齿廓接触点的轨迹称为啮合线。对于渐开线齿轮，无论在哪一点接触，接触齿廓的公法线总是两基圆的内公切线，因此该直线就是渐开线齿廓的啮合线。

（三）渐开线齿轮传动的缺陷

①由于受渐开线齿廓的限制，齿廓曲线的曲率半径相对较小，在尺寸一定的条件下，齿轮的承载能力难以再大幅度提高。

②渐开线齿轮传动由于制造、安装误差及变形等原因，易产生载荷向齿轮一端集中的现象，降低了齿轮的承载能力。

③渐开线齿轮传动由于两轮齿廓在不同位置啮合时，齿面间的相对滑动速度不同，因而使齿廓各部分的磨损不均匀。

四、渐开线齿轮的切齿原理及根切

齿轮轮齿的加工方法很多，其中最常用的是切削加工齿廓，按其切齿原理可分为成形法和展成法两类。

（一）成形法

这种方法的特点是所采用成形刀具切削刃的形状，在其轴向剖面内与被切齿轮齿槽的形状相同。常用的刀具有盘状铣刀［见图4-10（a）］和指状铣刀［见图4-10（b）］两种。

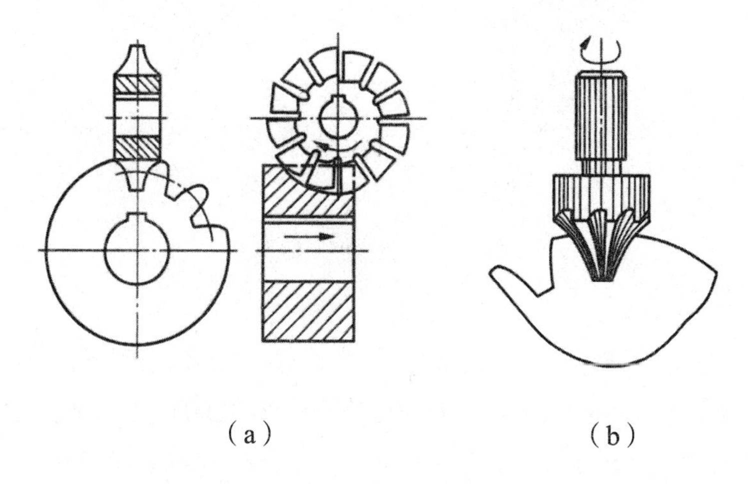

（a）　　（b）

图4–10　成形法切齿

如图4-10（a）所示为盘状铣刀切制齿轮的情况。切制时，铣刀绕本身轴线转动，同时齿轮毛坯沿齿轮轴线方向直线移动；铣完一个齿槽后，齿坯退回原来位置，由分度机构将轮坯转过360°/z，再切制第二个齿槽，直至整个齿轮加工结束。

如图4-10（b）所示是用指状铣刀加工齿轮的情况。加工方法与用盘状铣刀相似。指状铣刀常用于加工大模数（如$m>10$mm）的齿轮，并可以切制人字齿轮。

这种切齿方法加工出的齿轮精度低，生产率也低，所需刀具数量多，但设备简单，刀具价廉，适于修配或单件生产精度不高的齿轮。

（二）展成法

展成法是目前齿轮加工中最常用的一种方法。它是利用一对齿轮（或齿轮与齿条）互相啮合时，其共轭齿廓互为包络线的原理来切齿的。如果把其中一个齿轮（或齿条）做成刀具，就可以切出与它共轭的渐开线齿廓。用展成法切齿的常用刀具如下：

1.齿轮插刀

齿轮插刀的形状如图4-11（a）所示，刀具顶部比正常齿高以便切出顶隙部分。插齿时，插刀沿轮坯轴线方向做上下往复的切削运动，同时强迫插刀与轮坯模仿一对齿轮传动那样以一定的角速比转动［见图4-11（b）］，直至全部齿槽切削完毕。

因插齿刀的齿廓是渐开线，所以插制出的齿轮齿廓也是渐开线。根据正确啮合条件，被切齿轮的模数和压力角必定与插刀的模数和压力角相等，故用同一把插刀切出的齿轮都能正确啮合。

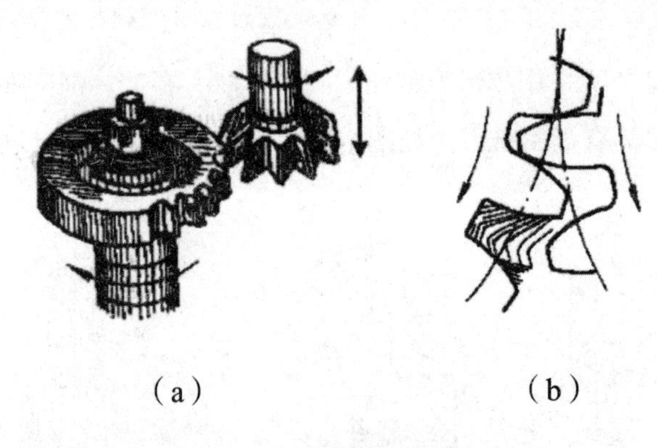

（a）　　（b）

图4-11　齿轮插刀切齿

2.齿条插刀

用齿条插刀切齿是模仿齿轮与齿条的啮合过程，把刀具做成齿条状，如图4-12所示。齿条的齿廓为一直线，不论在中线（齿厚与齿槽宽相等的直线）上还是在与中线平行的其他任一直线上，它们都具有相同的齿距、相同的模数和相同的压力角。

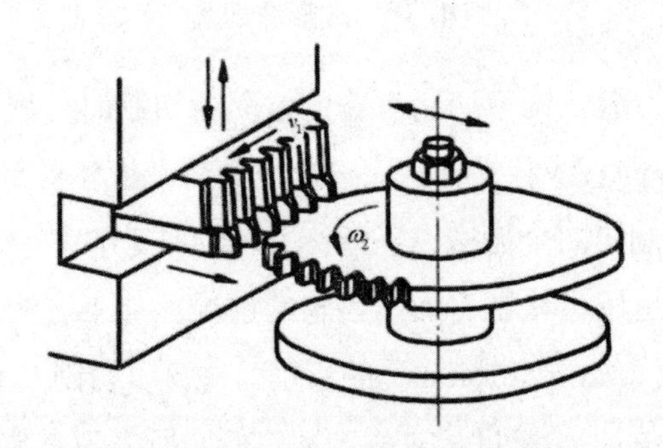

图4-12　齿条插刀切齿

在切制标准齿轮时，轮坯径向进给直至刀具中线与轮坯分度圆相切并保持纯滚动。这样切成的齿轮，分度圆齿厚与分度圆齿槽宽相等，且模数和压力角与刀具的模数和压力角分别相等。

3.齿轮滚刀

用以上两种刀具加工齿轮，其切削是不连续的，不仅影响生产率的提高，还限制了加工精度。因此，在生产中更广泛地采用齿轮滚刀来切制齿轮。图4-13表示滚刀的结构及其加工齿轮的情况。滚刀形状类似螺旋，它的齿廓在水平台面上的投影为一齿条。当滚刀转动时，相当于齿条做轴向移动，滚刀转一周，齿条移动一个导程的距离。所以，用滚刀切制齿轮的原理和用齿条插刀切制齿轮的原理基本相同。滚刀除了旋转之外，还沿着轮坯的轴线缓慢地进给，以便切出整个齿宽。滚刀安装时，应使其轴线与齿坯端面成一个等于滚刀导程角γ的角度，以使滚刀螺旋线的方向与被切轮齿的方向一致。

用展成法加工齿轮时，只要刀具和被加工齿轮的模数m和压力角α相同，则不管被加工齿轮的齿数多少，都可以用一把滚刀来加工，其生产率和加工精度均较高，只是需要用专用机床。

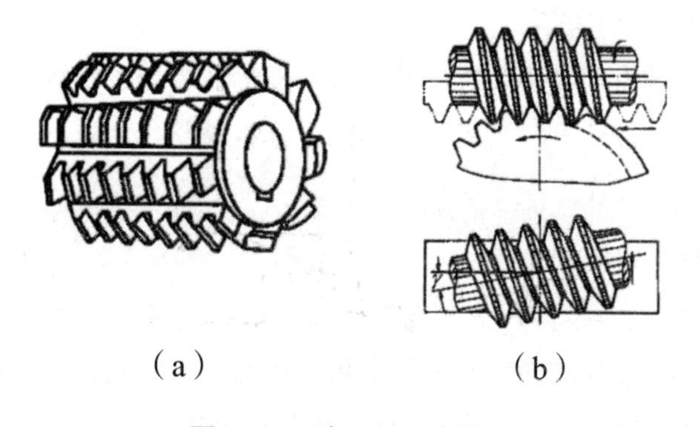

（a）　　（b）

图4-13　滚刀加工齿轮

（三）渐开线齿廓的根切现象与最少齿数

用展成法加工渐开线齿轮时，有时会出现刀具的顶部切入齿根，将齿根部分已经切制好的渐开线齿廓切去的现象称之为根切。产生严重根切的齿轮削弱了轮齿的抗弯强度；也使实际啮合线缩短，从而使得重合度减低，导致传动的不平稳，对传动十分不利，因此，在设计齿轮传动时应尽量避免根切现象的产生。

五、变位齿轮

（一）变位齿轮及其齿厚的确定

标准齿轮存在下列主要缺点：①标准齿轮的齿数必须大于或等于最少齿数z_{min}，否则会产生根切。②标准齿轮不适用于实际中心距α'不等于标准中心距α的场合。当$\alpha' > \alpha$时，采用标准齿轮虽可保持定角速比，但会出现过大的齿侧间隙，重合度也减小；当$\alpha' <$

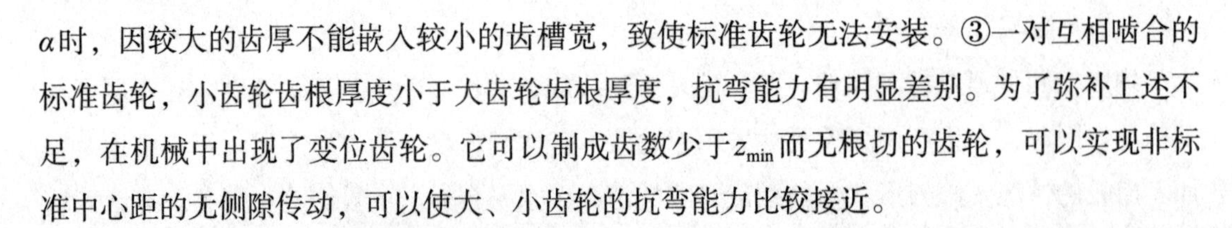

α时，因较大的齿厚不能嵌入较小的齿槽宽，致使标准齿轮无法安装。③一对互相啮合的标准齿轮，小齿轮齿根厚度小于大齿轮齿根厚度，抗弯能力有明显差别。为了弥补上述不足，在机械中出现了变位齿轮。它可以制成齿数少于z_{min}而无根切的齿轮，可以实现非标准中心距的无侧隙传动，可以使大、小齿轮的抗弯能力比较接近。

（二）变位齿轮传动的类型

变位齿轮传动可分为等移距变位齿轮传动和不等移距变位齿轮传动两类。

1.等移距变位齿轮传动

这种传动中，两轮变位系数绝对值相等，但小齿轮为正变位，大齿轮为负变位，即$x_1>0$，$x_2<0$，且$x_1=-x_2$。由于小齿轮取正变位，故可减少小齿轮的齿数和增大小齿轮根部的厚度，从而提高传动质量。为了使两轮都不发生根切，两轮齿数之和必须大于或等于最小齿数的两倍，即$z_1+z_2 \geqslant 2z_{min}$。

等移距变位齿轮的齿根圆半径发生了改变，为了使齿轮的全齿高不变，其齿顶圆半径也要做相应的改变，其齿顶高和齿根高已不同于标准齿轮，所以等移距变位齿轮传动又称为高度变位齿轮传动。

2.不等移距变位齿轮传动

除标准齿轮传动（$x_1=x_2=0$）和等移距变位齿轮传动（$x_1=-x_2$）之外，其余变位齿轮传动均称为不等移距变位齿轮传动。其变位系数可在不根切的条件下自由选择。这种传动中，$x_1 \neq -x_2$，所以小齿轮分度圆齿厚与大齿轮分度圆齿槽宽必定不相等。若小齿轮齿厚小于大齿轮齿槽宽，则二分度圆相切时，必然出现过大的齿侧间隙，只有缩小中心距（$\alpha'<\alpha$），使二轮趋近，才能消除过大间隙，实现正常传动。反之，若小齿轮齿厚大于大齿轮齿槽宽，则二分度圆相切时将无法安装，只有拉开中心距（$\alpha'>\alpha$），使二轮远离，才能安装。综上所述可知，采用不同变位系数可调整二轮分度圆齿厚，实现任意非标准中心距传动，故常用于变速箱滑移齿轮设计等场合。

六、斜齿圆柱齿轮机构

（一）渐开线斜齿圆柱齿轮齿面的形成

对于直齿圆柱齿轮，因为其轮齿方向与齿轮轴线相平行，在所有与轴线垂直的平面内情形完全相同，所以只要考虑其端面就能代表整个齿轮。但是，齿轮都是有一定宽度的，如图4-14（a）所示，在端面上的点和线实际上代表着齿轮上的线和面。基圆代表基圆柱，发生线代表切于基圆柱面的发生面S。因此，直齿圆柱齿轮渐开线曲面的形成可叙述为：当发生面沿基圆柱做纯滚动，发生面上任意一条与基圆柱母线AA平行的直线KK在空间所走过的轨迹即为直齿轮的齿廓曲面。同样，当两个直齿轮啮合时，端面上的接触点实际上代表着两齿廓渐开面的切线，即接触线，如图4-14（b）所示。

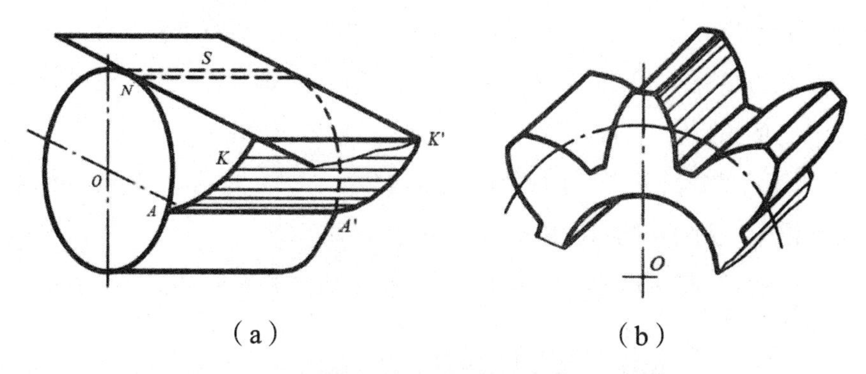

图4-14　直齿圆柱齿轮齿廓曲面的形成与接触线

如4-14（b）所示，由于该接触线与齿轮轴线平行，所以在啮合过程中，一对轮齿是沿整个齿宽同时进入啮合或退出啮合的，从而轮齿上所受载荷是突然加上或者卸掉的，容易引起振动和冲击噪声，传动平稳性差，不适合高速传动。为了克服直齿圆柱齿轮传动的这一缺点，人们在实践中设计了斜齿圆柱齿轮。

斜齿圆柱齿轮齿面的形成原理与直齿圆柱齿轮类似，所不同的是，其发生面上展成渐开面的直线KK不再与基圆柱母线平行，而是相对于NN偏斜一个角度。当一对平行轴斜齿圆柱齿轮啮合时，斜齿轮的齿廓是逐渐进入、脱离啮合的，斜齿轮齿廓接触线的长度由零逐渐增加，又逐渐缩短，直至脱离接触，当其齿廓前端面脱离啮合时，齿廓的后端面仍在啮合中，载荷在齿宽方向上不是突然加上及卸下，其啮合过程比直齿轮长，同时啮合的齿轮对数也比直齿轮多，即其重合度较大。因此，斜齿轮传动工作较平稳、承载能力强、噪声和冲击力较小，适用于高速、大功率的齿轮传动。

斜齿轮齿廓曲面端面（垂直于轴线的截面）的齿廓曲线为渐开线。从端面看，一对渐开线斜齿轮传动就相当于一对渐开线直齿轮传动，所以它也满足定角速比的要求。

（二）斜齿圆柱齿轮的基本参数

斜齿轮的轮齿为螺旋形，在垂直于齿轮轴线的端面（下标以t表示）和垂直于齿廓螺旋面的法面（下标以n表示）上有不同的参数。斜齿轮的端面是标准的渐开线，但从斜齿轮的加工角度看，刀具通常是沿着螺旋线方向进刀，故斜齿轮的法面参数应该是与刀具参数相同的标准值。而斜齿轮大部分几何尺寸计算均采用端面参数，因此必须建立法面参数和端面参数之间的换算关系。

（三）斜齿圆柱齿轮传动的正确啮合条件

由于平行轴斜齿圆柱齿轮机构在端面内的啮合相当于一对直齿轮啮合，所以须满足端面模数和端面压力角分别相等的条件。另外，为了使一对斜齿轮能够传递平行轴之间的运动，两轮啮合处的轮齿倾斜方向必须一致，这样才能使一轮的齿厚落在另一轮的齿槽内。对于外啮合，两轮的螺旋角β大小应相等、方向相反，即$\beta_1=-\beta_2$；对于内啮合，两轮螺旋角β应大小相等、方向相同，即$\beta_1=\beta_2$。

由于相互啮合的两轮的螺旋角β大小相等，所以法面模数m_n和法面压力角α_n也应分别相等。

综上所述，一对平行轴斜齿圆柱齿轮的正确啮合条件为

$$\left.\begin{array}{l}\beta_1=\pm\beta_2\\ m_{t1}=m_{t2}=m_t\\ \alpha_{t1}=\alpha_{t2}=\alpha_t\end{array}\right\}\left.\begin{array}{l}\beta_1=\pm\beta_2\\ m_{n1}=m_{n2}=m_n\\ \alpha_{n1}=\alpha_{n2}=\alpha_n\end{array}\right\} \quad \text{（式 4-4）}$$

（四）斜齿圆柱齿轮传动的重合度

图4-15表示斜齿轮与斜齿条在前端面的啮合情况。齿廓在A点开始啮合，在E点终止啮合，FG是端面内齿条分度线上一点啮合始末所走的距离，即端面啮合弧。显然，齿条的工作齿廓只在FG区间处于啮合状态，FG区间之外均不可能啮合。作从动齿条分度面的俯视图，如图4-15所示。当轮齿到达虚线位置时，其前端面虽已开始脱离啮合，但轮齿后端面仍处在啮合区内，整个轮齿尚未终止啮合。只有当轮齿后端面走出啮合区，该齿才终止啮合。

由此可见，斜齿轮传动的啮合弧FH比端面齿廓完全相同的直齿轮长GH，故斜齿轮传动的重合度为

$$\varepsilon=\frac{FH}{p_t}=\frac{FG+GH}{p_t}=\varepsilon_t+\frac{b\tan\beta}{p_t}$$

式中，ε_t为端面重合度，即与斜齿轮端面齿廓相同的直齿轮传动的重合度；$\frac{b\tan\beta}{p_t}$为轮齿倾斜而产生的附加重合度。由式$\varepsilon=\frac{FH}{p_t}=\frac{FG+GH}{p_t}=\varepsilon_t+\frac{b\tan\beta}{p_t}$可见，斜齿轮传动的重合度随齿宽$b$和螺旋角$S$的增大而增大，可达到很大的数值，这是斜齿轮传动平稳、承载能力较高的主要原因之一。

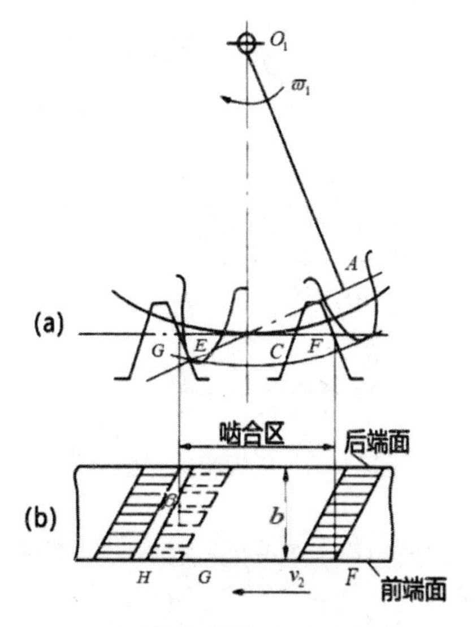

4–15　斜齿轮传动的重合度

（五）斜齿圆柱齿轮的当量齿数

由于斜齿轮的作用力是作用于轮齿的法面，其强度设计、制造等都是以法面齿形为依据的，因此需要知道它的法面齿形。一般可以采用近似的方法，用一个与斜齿轮法面齿形相当的直齿轮的齿形来代替，这个假想的直齿轮称为斜齿轮的当量齿轮。该当量齿轮的模数和压力角分别与斜齿轮法面模数、法面压力角相等，而它的齿数则称为斜齿轮的当量齿数。

如图4-16所示，过实际齿数为z的斜齿轮分度圆柱螺旋线上的一点C，作此轮齿螺旋线的法面nn'，分度圆柱的截面为一椭圆剖面。此剖面上C点附件的齿形可以近似认为是该斜齿轮的法面齿形。如果以椭圆上C点的曲率半径ρ为半径作一个圆，作为假想直齿轮的分度圆，并设此假想直齿轮的模数和压力角分别等于该斜齿轮的法面模数和法面压力角，则该假想直齿轮的齿形就非常近似于上述斜齿轮的法面齿形。故此假想直齿轮就是该斜齿轮的当量齿轮，其齿数即为当量齿数z_v。

显然，$z_v = \dfrac{2\rho}{m_n}$

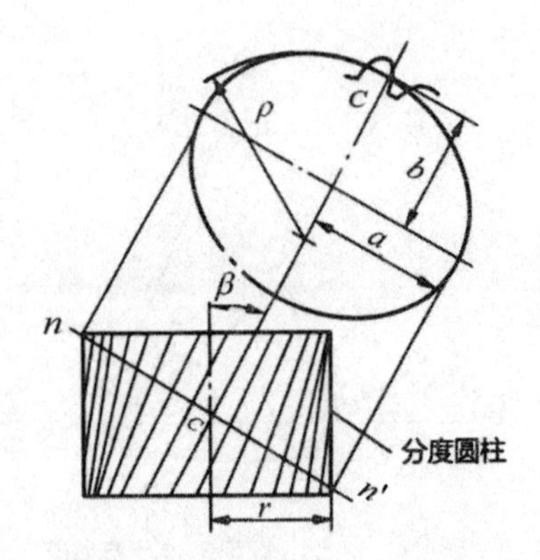

图4-16　斜齿轮的当量齿轮

如图4-16所示，当斜齿轮的分度圆柱的半径为r时，椭圆的长半轴$\alpha=\dfrac{r}{\cos\beta}$，短半轴$b=r$。由高等数学可知，椭圆上$C$点的曲率半径为

$$\rho=\frac{a^2}{b}=\left(\frac{r}{\cos\beta}\right)^2\frac{1}{r}=\frac{r}{\cos^2\beta}$$

因而$z_v=\dfrac{2\rho}{m_n}=\dfrac{2r}{m_n\cos^2\beta}=\dfrac{m_t z}{m_n\cos^2\beta}$

将$m_n=m_t\cos\beta$代入上式，则得

$$z_{\mathrm{r}}=\frac{z}{\cos^3\beta}$$

式中，z为斜齿轮的实际齿数。

（六）斜齿圆柱齿轮传动的优缺点

与直齿轮传动相比，斜齿轮具有以下优点：

1.齿廓接触线是斜线，一对齿是逐渐进入啮合和逐渐脱离啮合的，故运转平稳，噪声小。

2.重合度大，并随齿宽和螺旋角的增大而增大，故承载能力高，适于高速传动。

3.可获得更为紧凑的结构。由于标准斜齿轮不产生根切的齿数比直齿轮少，所以采用平行轴斜齿轮机构可以获得更为紧凑的尺寸。

4.制造成本和直齿轮相同。

由于具有以上特点，平行轴斜齿轮机构的传动性能和承载能力都优于直齿轮机构，因而广泛用于高速、重载的传动场合。

但是与直齿轮相比，由于斜齿轮具有一个螺旋角β，故传动过程中会产生轴向推力，对传动不利。为了既能发挥平行轴斜齿轮机构传动的优点，又不致使轴向力过大，一般采用的螺旋角$\beta=8°\sim20°$。若要消除轴向推力，可以采用人字齿轮。对于人字齿轮，可取$\beta=25°\sim40°$。但是人字齿轮加工制造较为困难，成本较高。

七、圆锥齿轮机构

（一）圆锥齿轮机构的特点及应用

圆锥齿轮机构是用来传递两相交轴之间运动和动力的一种齿轮机构。轴交角Σ可根据传动需要来任意选择，一般机械中多采用$\Sigma = 90°$。如图4-17所示，圆锥齿轮的轮齿分布在截圆锥体上，对应于圆柱齿轮中的各有关圆柱，在这里均变成了圆锥；并且齿形从大端到小端逐渐变小，导致圆锥齿轮大端和小端参数不同，为了方便计算和测量，通常取大端参数为标准值。

圆锥齿轮的轮齿有齿和曲齿（圆弧齿、螺旋齿）等多种形式。其中，直齿圆锥齿轮机构由于设计、制造和安装均较简单，故应用最为广泛；曲齿圆锥齿轮机构由于传动平稳、承载能力强，常用于高速重载的传动中，如汽车、飞机、拖拉机等的传动机构中。

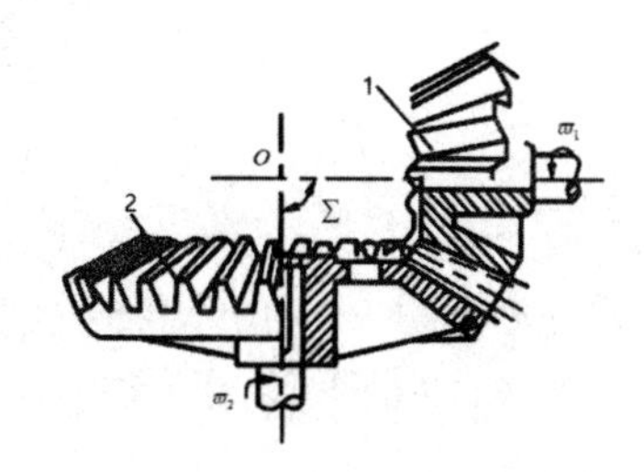

图4-17　圆锥齿轮传动

（二）直齿圆锥齿轮的啮合传动

1. 正确啮合条件

一对直齿圆锥齿轮的啮合传动相当于其当量齿轮的啮合传动。因此，可以采用直齿圆柱齿轮的啮合理论来分析。

一对直齿圆锥齿轮的正确啮合条件为：两个当量齿轮的模数和压力角分别相等，亦即两个圆锥齿轮大端的模数和压力角应分别相等。此外，还应保持两轮的锥距相等、锥顶重合。

2. 连续传动条件

为保证一对直齿圆锥齿轮能实现连续传动，其重合度也必须大于（至少等于）1。其重合度可按其当量齿轮进行计算。

3. 传动比

一对直齿圆锥齿轮传动的传动比为

$$i_{12}=\frac{\omega_1}{\omega_2}=\frac{z_2}{z_1}=\frac{r_2}{r_1}$$

八、单圆弧齿轮传动的优缺点

由于渐开线齿轮的不足，人们一直在研究新型的齿廓曲线，因而圆弧齿轮机构的应用日趋广泛。

圆弧齿轮传动的轮齿必须是斜齿，通常有两种啮合形式：小齿轮为凸圆弧齿廓，大齿轮为凹圆弧齿廓，称单圆弧齿轮传动，如图4-18（a）所示；大、小齿轮在各自的节圆以外部分都做成凸圆弧齿廓，在节圆以内的部分都做成凹圆弧齿廓，称为双圆弧齿轮传动，如图4-18（b）所示。

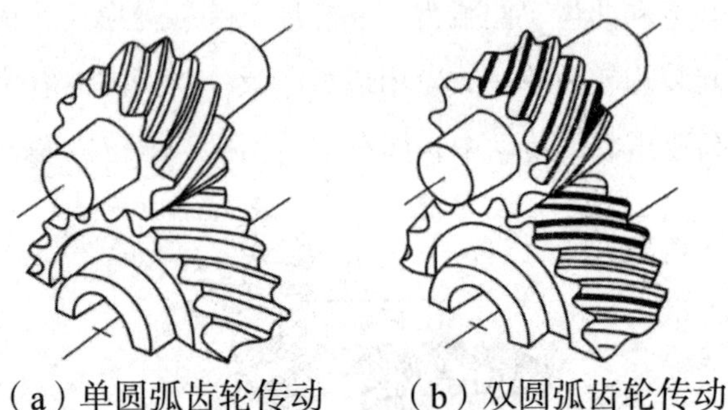

（a）单圆弧齿轮传动　　（b）双圆弧齿轮传动

图4-18　圆弧齿轮传动

（二）单圆弧齿轮传动的优点

1.综合曲率半径大，且齿廓为凸凹啮合，故在齿轮尺寸和材料相同的情况下，圆弧齿轮的承载能力为渐开线齿轮的1.5 ~ 2倍。

2.因圆弧齿轮经磨合后才变为沿齿高方向的线接触，故对制造误差及变形不敏感。

3.由于圆弧齿轮没有根切问题，所以其最少齿数不受根切的限制，故径向尺寸可以更小。

4.两轮齿沿啮合线方向的滚动速度很大，齿面间易于形成油膜，传动效率较高，一般可达0.99 ~ 0.995。

（三）单圆弧齿轮的缺点

1.圆弧齿轮传动若有中心距误差，将使其承载能力显著降低，故对中心距的精度要求较高。

2.轴向尺寸较大。这是因为圆弧齿轮传动的端面重合度等于0，要保证两轮传动的重合度，必须有足够大的齿宽。

3.凸齿面的齿轮及凹齿面的齿轮要用两把刀具来加工。

目前，单圆弧齿轮传动已用于高速重载的汽轮机、压缩机和低速重载的轧钢机等设备上。

双圆弧齿轮就克服了上述缺点，在这种齿轮传动中，相互啮合的一对齿轮其齿顶均为凸圆弧，而齿根均为凹圆弧，大小齿轮只须一把刀具加工。工作时，从一个齿轮的端面看，先是主动轮齿的凹部推动从动轮齿的凸部，离开后，再以它的凸部推动对方的凹部，故双圆弧齿轮传动在理论上同时有两个接触点，经饱和后，这种传动实际上有两条接触线，因此可以实现多对齿和多点啮合。此外，由于其齿根厚度较大，双圆弧齿轮传动不仅承载能力比单圆弧齿轮传动高30%以上，而且传动平稳，振动和噪声较小。因此，高速重载时，双圆弧齿轮传动有取代单圆弧齿轮传动的趋势，目前双圆弧齿轮传动已在高速大动力的齿轮传动中获得了广泛的应用，如大型轧钢机的主传动。

第五章　机械自动化制造的控制系统

第一节　机械制造自动化

制造自动化技术是现代制造技术的重要组成部分，也是人类在长期的社会生产实践中不断追求的主要目标之一。随着科学技术的不断进步，自动化制造的水平也愈来愈高。采用自动化技术，不仅可以大大降低劳动强度，而且还可以提高产品质量，改善制造系统适应市场变化的能力，从而提高企业的市场竞争能力。

制造自动化是在制造过程的所有环节采用自动化技术，实现制造全过程的自动化。制造自动化的任务就是研究如何实现制造过程的自动化规划、管理、组织、控制、协调与优化，以达到产品及其制造过程的高效、优质、低耗、洁净的目标。制造自动化是当今制造科学与制造工程领域中涉及面广、研究十分活跃的方向。

一、机械制造自动化的基本概念

（一）机械化与自动化

人在生产中的劳动，包括基本的体力劳动、辅助的体力劳动和脑力劳动三个部分。基本的体力劳动是指直接改变生产对象的形态、性能相位置等方面的体力劳动。辅助的体力劳动是指完成基本体力劳动所必须做的其他辅助性工作，如检验、装夹工件、操纵机器的手柄等体力劳动。脑力劳动是指决定加工方法、工作顺序、判断加工是否符合图纸技术要求、选择切削用量以及设计和技术管理工作等。

由机械及其驱动装置来完成人用双手和体力所担任的繁重的基本劳动的过程，称为机械化。例如，自动走刀代替手动走刀，称为走刀机械化；车子运输代替肩挑背扛，称为运输自动化。由人和机器构成的有机集合体就是一个机械化生产的人机系统。

人的基本劳动由机器代替的同时，人对机器的操纵、工件的装卸和检验等辅助劳动也被机器代替，并由自动控制系统或计算机代替人的部分脑力劳动的过程，称为自动化。人的基本劳动实现机械化的同时，辅助劳动也实现了机械化，再加上自动控制系统所构成的有机集合体，就是一个自动化生产系统。只有实现自动化，人才能够不受机器的束缚，而

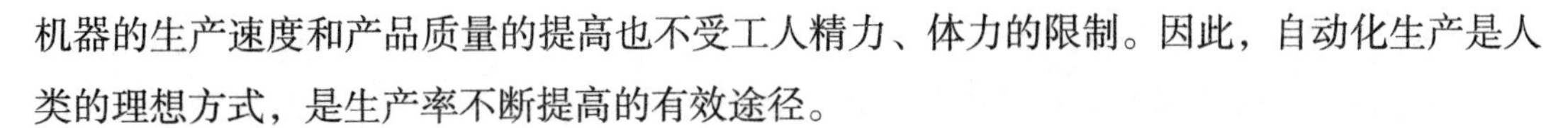

机器的生产速度和产品质量的提高也不受工人精力、体力的限制。因此，自动化生产是人类的理想方式，是生产率不断提高的有效途径。

在一个工序中，如果所有的基本动作都机械化了，并且使若干个辅助动作也自动化起来，工人所要做的工作只是对这一工序做总的操纵与监督，就称为工序自动化。

一个工艺过程（如加工工艺过程）通常包括若干个工序，如果每一个工序都实现了工序自动化，并且把若干个工序有机地联系起来，则整个工艺过程（包括加工、工序间的检测和输送）都自动进行，而操作者仅对这一整个工艺过程做总的操纵和监控，这样就形成了某一种加工工艺的自动生产线，这一过程通常称为工艺过程自动化。

一个零部件（或产品）的制造包括若干个工艺过程，如果每个工艺过程不仅都自动化了，而且它们之间是自动地、有机地联系在一起，也就是说从原材料到最终产品的全过程都不需要人工干预，这就形成了制造过程自动化。机械制造自动化的高级阶段就是自动化车间，甚至是自动化工厂。

（二）制造与制造系统

制造是人类所有经济活动的基石，是人类历史发展和文明进步的动力。制造是人类按照市场需求，运用主观掌握的知识和技能，借助手工或利用客观物质工具，采用有效的工艺方法和必要的能源，将原材料转化为最终物质产品并投放市场的全过程。制造也可以理解为制造企业的生产活动，即制造也是一个输入输出系统，其输入是生产要素，输出是具有使用价值的产品。制造的概念有广义和狭义之分，狭义的制造是指生产车间与物流有关的加工和装配过程，相应的系统称为狭义制造系统；广义的制造则包括市场分析、经营决策、工程设计、加工装配、质量控制、生产过程管理、销售运输、售后服务直至产品报废处理等整个产品生命周期内一系列相关联的生产活动，相应的制造系统称为广义制造系统。在当今的信息时代，广义制造的概念已为越来越多的人接受。

国际生产工程学会将制造定义为：制造是一个涉及制造工业中产品设计、物料选择、生产计划、生产过程、质量保证、经营管理、市场销售和服务的一系列相关活动工作的总称。

（三）自动化制造系统

广义地讲，自动化制造系统是由一定范围的被加工对象、一定的制造柔性和一定的自动化水平的各种设备和高素质的人所组成的一个有机整体，它接收外部信息、能源、资金、配套件和原材料等作为输入，在人和计算机控制系统的共同作用下，实现一定程度的柔性自动化制造，最后输出产品、文档资料和废料等。

可以看出，自动化制造系统具有五个典型组成部分。

1.具有一定技术水平和决策能力的人

现代自动化制造系统是充分发挥人的作用、人机一体化的柔性自动化制造系统，因此，系统的良好运行离不开人的参与。对于自动化程度较高的制造系统，如柔性制造系统，人的作用主要体现在对物料的准备和对信息流的监视和控制上，而且还体现在要更多地参与物流过程。总之，自动化制造系统对人的要求不是降低了，而是提高了，它需要具有一定技术水平和决策能力的人参与。目前，流行的小组化工作方式不仅要求“全能”的操作者，还要求他们之间有良好合作精神。

2.一定范围的被加工对象

现代自动化制造系统能在一定的范围内适应加工对象的变化，变化范围一般是在系统设计时就设定了的。现代自动化制造系统加工对象的划分一般是基于成组技术原理的。

3.信息流及其控制系统

自动化制造系统的信息流控制着物流过程，也控制产品的制造质量。系统的自动化程度、柔性程度以及与其他系统的集成程度都与信息流控制系统密切相关，应特别注意提高它的控制水平。

4.能量流及其控制系统

能量流为物流过程提供能量，以维持系统的运行。在供给系统的能量中，一部分能量用来维持系统运行，做了有用功；另一部分能量则以摩擦和传送过程的损耗等形式消耗掉，并对系统产生各种有害效果。在制造系统设计过程中，要格外注意能量流系统的设计，以优化利用能源。

5.物料流及物料处理系统

物料流及物料处理系统是自动化制造系统的主要运作形式，该系统在人的帮助下或自动地将原材料转化成最终产品。一般来说，物料流及物料处理系统包括各种自动化或非自动化的物料储运设备、工具储运设备、加工设备、检测设备、清洗设备、热处理设备、装配设备、控制装置和其他辅助设备等。各种物流设备的选择、布局及设计是自动化制造系统规划的重要内容。

二、机械制造自动化的内容和意义

（一）制造自动化的内涵

制造自动化就是在广义制造过程的所有环节采用自动化技术，实现制造全过程的自动化。

制造自动化的概念是一个动态发展过程。在“狭义制造”概念下，制造自动化的含义是生产车间内产品的机械加工和装配检验过程的自动化，包括切削加工自动化、工件装卸自动化、工件储运自动化、零件及产品清洗及检验自动化、断屑与排屑自动化、装配自动化、机器故障诊断自动化等。而在“广义制造”概念下，制造自动化则包含了产品设计自动化、企业管理自动化、加工过程自动化和质量控制自动化等产品制造全过程以及各个环节综合集成自动化，以便产品制造过程实现高效、优质、低耗、及时和洁净的目标。

制造自动化促使制造业逐渐由劳动密集型产业向技术密集型和知识密集型产业转变。制造自动化技术是制造业发展的重要标志，代表着先进的制造技术水平，也体现了一个国家科技水平的高低。

（二）机械制造自动化的主要内容

1.机械加工自动化技术

包括上下料自动化技术、装卡自动化技术、换刀自动化技术和零件检测自动化技术等。

2.物料储运过程自动化技术

包含工件储运自动化技术、刀具储运自动化技术和其他物料储运自动化技术等。

3.装配自动化技术

包含零部件供应自动化技术和装配过程自动化技术等。

4.质量控制自动化技术

包含零件检测自动化技术、产品检测自动化和刀具检测自动化技术等。

（三）机械制造自动化的意义

1.提高生产率

制造系统的生产率表示在一定的时间范围内系统生产总量的大小，而系统的生产总量是与单位产品制造所花费的时间密切相关的。采用自动化技术后，不仅可以缩短直接的加工制造时间，更可以大幅度缩短产品制造过程中的各种辅助时间，从而使生产率得以提高。

2.缩短生产周期

现代制造系统所面对的产品特点是：品种不断增多，而批量却在不断减小。据统计，在机械制造企业中，单件、小批量的生产占85%左右，而大批量生产仅占15%左右。单件、小批量生产占主导地位的现象目前还在继续发展，因此可以说，传统意义上的大批量生产正在向多品种、小批量生产模式转换。据统计，在多品种、小批量生产中，被加工零件在车间总时间的95%被用于搬运、存放和等待加工中，在机床上的加工时间仅占5%。而在这5%的时间中，仅有1.5%的时间用于切削加工，其余3.5%的时间又消耗于定位、装夹和测量的辅助动作上。采用自动化技术的主要效益在于可以有效缩短零件98.5%的无效时间，从而有效缩短生产周期。

3.提高产品质量

在自动化制造系统中，由于广泛采用各种高精度的加工设备和自动检测设备，减少了工人因情绪波动给产品质量带来的不利影响，因而可以有效提高产品的质量和质量的一致性。

4.提高经济效益

采用自动化制造技术，可以减少生产面积，减少直接生产工人的数量，减少废品率，因而就减少了对系统的投入。由于提高了劳动生产率，系统的产出得以增加。投入和产出之比的变化表明，采用自动化制造系统可以有效提高经济效益。

5.降低劳动强度

采用自动化技术后，机器可以完成绝大部分笨重、艰苦、烦琐甚至对人体有害的工作，从而降低工人的劳动强度。

6.有利于产品更新

现代柔性自动化制造技术使得变更制造对象非常容易，适应的范围也较宽，十分有利于产品的更新，因而特别适合于多品种、小批量生产。

7.提高劳动者的素质

现代柔性自动化制造技术要求操作者具有较高的业务素质和严谨的工作态度，无形中就提高了劳动者的素质。特别是采用小组化工作方式的制造系统中，对人的素质要求更高。

8.带动相关技术的发展

实现制造自动化可以带动自动检测技术、自动化控制技术、产品设计与制造技术、系统工程技术等相关技术的发展。

9.体现一个国家的科技水平

自动化技术的发展与国家的整体科技水平有很大的关系。

总之，采用自动化制造技术可以大大提高企业的市场竞争能力。

三、机械制造自动化的途径

产品对象（包括产品的结构、材质、重量、性能、质量等）决定着自动装置和自动化方案的内容；生产纲领的大小影响着自动化方案的完善程度、性能和效果；产品零件决定着自动化的复杂程度；设备投资和人员构成决定着自动化的水平。因此，要根据不同情况，采用不同的加工方法。

（一）单件、小批量生产机械化及自动化的途径

据统计，在机械产品的数量中，单件生产占30%，小批量生产占50%。因此，解决单件、小批量生产的自动化有很大的意义。而在单件、批量生产中，往往辅助工时所占的比例较大，而仅从采用先进的工艺方法来缩短加工时间并不能有效地提高生产率。在这种情况下，只有使机械加工循环中各个单元动作及循环外的辅助工作实现机械化、自动化，才能同时减少加工时间和辅助时间，达到有效提高生产率的目的。因此，采用简易自动化使局部工步、工序自动化，是实现单件小批量生产的自动化的有效途径。

具体方法如下：

1.采用机械化、自动化装置，来实现零件的装卸、定位、夹紧机械化和自动化。

2.实现工作地点的小型机械化和自动化，如采用自动滚道、运输机械、电动及气动工具等装置来减少辅助时间，同时也可降低劳动强度。

3.改装或设计通用的自动机床，实现操作自动化，来完成零件加工的个别单元的动作或整个加工循环的自动化，以提高劳动生产率和改善劳动条件。

对改装或设计的通用自动化机床，必须满足使用经济、调整方便省时、改装方便迅速以及自动化装置能保持机床万能性能等基本要求。

（二）中等批量生产的自动化途径

成批和中等批量生产的批量虽比较大，但产品品种并不单一。随着社会上对品种更新的需求，要求成批和中等批量生产的自动化系统仍应具备一定的可变性，以适应产品和工艺的变换。从各国发展情况看，有以下趋势：

1.建立可变自动化生产线

建立可变自动化生产线，在成组技术基础上实现“成批流水作业生产”。应用PLC或计算机控制的数控机床和可控主轴箱、可换刀库的组合机床，建立可变的自动线。在这种可变的自动生产线上，可以加工和装夹几种零件，既保持了自动化生产线的高生产率特点，又扩大了其工艺适应性。

对可变自动化生产线的要求如下：

（1）所加工的同批零件具有结构上的相似性。

（2）设置“随行夹具”，解决同一机床上能装夹不同结构工件的自动化问题。这时，每一夹具的定位、夹紧是根据工件设计的。而各种夹具在机床上的连接则有相同的统一基面和固定方法。加工时，夹具连同工件一块移动，直到加工完毕，再退回原位。

（3）自动线上各台机床具有相应的自动换刀库，可以使加工中的换刀和调整实现自动化。

（4）对于生产批量大的自动化生产线，要求所设计的高生产率自动化设备对同类型零件具有一定的工艺适应性，以便在产品变更时能够迅速调整。

2. 采用具有一定通用性的标准化的数控设备

对于单个的加工工序，力求设计时采用机床及刀具能迅速重调整的数控机床及加工中心。

3. 制造可以组合的模块化典型部件

设计制造各种可以组合的模块化典型部件，采用可调的组合机床及可调的环形自动线。

对于箱体类零件的平面及孔加工工序，则可设计或采用具有自动换刀的数控机床或可自动更换主轴箱，并带自动换刀库、自动夹具库和工件库的数控机床。这些机床都能够迅速改变加工工序内容，既可单独使用，又便于组成自动线。在设计、制造和使用各种自动的多功能机床时，应该在机床上装设各种可调的自动装料、自动卸料装置、机械手和存储、传送系统，并应逐步采用计算机来控制，以便实现机床调整的“快速化”和自动化，尽量减少重调整时间。

（三）大批量生产的自动化途径

目前，实现大批量生产的自动化已经比较成熟，主要有以下四种途径：

1. 广泛地建立适于大批量生产的自动线

国内外的自动化生产线生产经验表明，自动化生产线具有很高的生产率和良好的技术经济效果。目前，大量生产的工厂已普遍采用了组合机床自动线和专用机床自动线。

2. 建立自动化工厂或自动化车间

大批量生产的产品品种单一、结构稳定、产量很大、具有连续流水作业和综合机械化的良好条件。因此，在自动化的基础上按先进的工艺方案建立综合自动化车间和全盘自动化工厂，是大批量生产的发展方向。目前，正向着集成化的机械制造自动化系统的方向发展。整个系统是建立在系统工程学的基础上，应用电子计算机、机器人及综合自动化生产线所建成的大型自动化制造系统，能够实现从原材料投入经过热加工、机械加工、装配、检验到包装的物流自动化，而且也实现了生产的经营管理、技术管理等信息流的自动化和能量流的自动化。因此，常把这种大型的自动化制造系统称为全盘自动化系统。但是全盘自动化系统还须进一步解决许多复杂的工艺问题、管理问题和自动化的技术问题。除了在理论上需要继续加以研究外，还需要建立典型的自动化车间、自动化工厂来深入进行实验，从中探索全盘自动化生产和规律，使之不断完善。

3. 建立“可变的短自动线”及“复合加工”单元

采用可调的短自动线——只包含2 ~ 4个工序的一小串加工机床建立的自动线，短小灵活，有利于解决大批量生产的自动化生产线应具有一定的可变性的问题。

4.改装和更新现有老式设备，提高它们的自动化程度

把大批量生产中现有的老式设备改装或更新成专用的高效自动机，最低限度也应该是半自动机床。进行改装的方法是：安装各种机械的、电气的、液压的或气动的自动循环刀架，如程序控制刀架、转塔刀架和多刀刀架；安装各种机械化、自动化的工作台，如各种各样的机械式、气动、液压或电动的自动工作台模块；安装各种自动送料、自动夹紧、自动换刀的刀库、自动检验、自动调节加工参数的装置、自动输送装置和工业机器人等自动化的装置，来提高大量生产中各种旧有设备的自动化程度。沿着这样的途径也能有效地提高生产率，为工艺过程自动化创造条件。

四、机械制造自动化的构成

（一）机械制造自动化系统的构成

从系统的观点来看，一般的机械制造自动化系统主要由以下四个部分构成：

1.加工系统

即能完成工件的切削加工、排屑、清洗和测量的自动化设备与装置。

2.工件支撑系统

即能完成工件输送、搬运以及存储功能的工件供给装置。

3.刀具支撑系统

即包括刀具的装配、输送、交换和存储装置以及刀具的预调和管理系统。

4.控制与管理系统

即对制造过程进行监控、检测、协调与管理的系统。

（二）机械制造自动化系统的分类

对机械制造自动化的分类目前还没有统一的方式。综合国内外各种资料，大致可按下面四种方式来进行分类：

1.按制造过程分

分为毛坯制备过程自动化、热处理过程自动化、储运过程自动化、机械加工过程自动化、装配过程自动化、辅助过程自动化、质量检测过程自动化和系统控制过程自动化。

2.按设备分

分为局部动作自动化、单机自动化、刚性自动化、刚性综合自动化系统、柔性制造单元、柔性制造系统。

3.按控制方式分

分为机械控制自动化、机电液控制自动化、数字控制自动化、计算机控制自动化、智能控制自动化。

4.按生产批量分

分为大批量生产自动化、中等批量生产自动化、单件小批量生产自动化。

（三）机械制造自动化设备的特点及适用范围

不同的自动化类型有着不同的性能特点和不同的应用范围，因此，应根据需要选择不同的自动化系统。下面按设备的分类做简单的介绍。

1.刚性半自动化单机

除上下料外，机床可以自动地完成单个工艺过程加工循环，这样的机床称为刚性半自动化单机。如单台组合机床、通用多刀半自动车床、转塔车床等。这种机床采用的是机械或电液复合控制。从复杂程度讲，刚性半自动化单机实现的是加工自动化的最低层次，但其投资少、见效快，适用于产品品种变化范围和生产批量都较大的制造系统。其缺点是调整工作量大，加工质量较差，工人的劳动强度也大。

2.刚性自动化单机

这是在刚性半自动化单机的基础上增加自动上下料装置而形成的自动化机床。因此，这种机床实现的也是单个工艺过程的全部加工循环。这种机床往往需要定制或改装，常用于品种变化很小但生产批量特别大的场合，如组合机床、专用机床等。其主要特点是投资少、见效快，但通用性差，是大批量生产中最常见的加工设备。

3.刚性自动化生产线

刚性自动化生产线（以下简称“刚性自动线”）是用工件输送系统将各种刚性自动化加工设备和辅助设备按一定的顺序连接起来，在控制系统的作用下完成单个零件加工的复杂大系统。在刚性自动线上，被加工零件以一定的生产节拍，顺序通过各个工作位置，自动度量，具有统一的控制系统和严格的生产节奏。与自动化单机相比，它的结构复杂、完成的加工工序多，所以生产率也很高，是少品种、大批生产必不可少的加工装备。除此之外，刚性自动化还具有可以有效缩短生产周期、取消半成品的中间库存、缩短物料流程、减少生产面积、改善劳动条件、便于管理等优点。它的主要缺点是投资大、系统调整周期长、更换产品不方便。为了消除这些缺点，人们发展了组合机床自动线，可以大幅度缩短建线周期，更换产品后只须更换机床的某些部件即可（例如可换主轴箱），大大缩短了系统的调整时间，降低了生产成本，并能收到较好的使用效果和经济效果。组合机床自动线主要用于箱体类零件和其他类型非回转件的钻、扩、铰、攻螺纹和铣削等工序的加工。

4. 刚性综合自动化系统

一般情况下，刚性自动线只能完成单个零件的所有相同工序（如切削加工工序），对于其他自动化制造内容，如热处理、锻压、焊接、装配、检验、喷漆，甚至包装，却不可能全部包括在内。包括上述内容的复杂大系统称为刚性综合自动化系统。刚性综合自动化系统常用于产品比较单一，但工序内容多、加工批量特别大的零部件的自动化制造。刚性综合自动化系统结构复杂，投资强度大，建线周期长，更换产品困难，但生产效率极高，加工质量稳定，工人劳动强度低。

5. 数控机床

数控机床用于完成零件一个工序的自动化循环加工。它是用代码化的数字量来控制机床，按照事先编好的程序，自动控制机床各部分的运动，而且还能控制选刀、换刀、测量、润滑、冷却等工作。数控机床是机床结构、液压、气动、电动、电子技术和计算机技术等各种技术综合发展的成果，也是单机自动化方面的一个重大进展。配备有适应控制装置的数控机床，可以通过各种检测元件将加工条件的各种变化测量出来，然后反馈到控制装置，与预先给定的有关数据进行比较，使机床及时进行相应的调整，这样，机床就能始终处于最佳工作状态。数控机床常用在零件复杂程度不高、精度较高、品种多变、批量中等的生产场合。

6. 加工中心

加工中心是在一般数控机床的基础上增加刀库和自动换刀装置而形成的一类更复杂但用途更广、效率更高的数控机床。由于其具有刀库和自动换刀装置，可以在一台机床上完成车、铣、镗、钻、铰、攻螺纹、轮廓加工等多个工序的加工。因此，加工中心机床具有工序集中、可以有效缩短调整时间和搬运时间、减少在制品库存、加工质量高等优点。加工中心常用于零件比较复杂，需要多工序加工，且生产批量中等的生产场合。根据所处理的对象不同，加工中心又可分为铣削加工中心和车削加工中心。

7. 柔性制造系统

一个柔性制造系统一般由四个部分组成：两台以上的数控加工设备、一个自动化的物料及刀具储运系统、若干台辅助设备（如清洗机、测量机、排屑装置、冷却润滑装置等）和一个由多级计算机组成的控制和管理系统。到目前为止，柔性制造系统是最复杂、自动化程度最高的单一性质的制造系统。柔性制造系统内部一般包括两类不同性质的运动，一类是系统的信息流，另一类是系统的物料流，物料流受信息流的控制。

柔性制造系统的主要优点是：①可以减少机床操作人员；②由于配有质量检测和反馈控制装置，零件的加工质量很高；③工序集中，可以有效减少生产面积；④与立体仓库相配合，可以实现24h连续工作；⑤由于集中作业，可以减少加工时间；⑥易于和管理信息系统、工艺信息系统及质量信息系统结合形成更高级的自动化制造系统。

柔性制造系统的主要缺点是：①系统投资大，投资回收期长；②系统结构复杂，对操作人员要求较高；③结构复杂使得系统的可靠性较差。

一般情况下，柔性制造系统适用于品种变化不大，批量在200 ~ 2 500件的中等批量生产。

8.柔性制造单元

柔性制造单元是一种小型化柔性制造系统，柔性制造单元和柔性制造系统两者之间的概念比较模糊。但通常认为，柔性制造单元是由1 ~ 3台计算机数控机床或加工中心所组成，单元中配备有某种形式的托盘交换装置或工业机器人，由单元计算机进行程序编制及分配、负荷平衡和作业计划控制的小型化柔性制造系统。与柔性制造系统相比，柔性制造单元的主要优点是：占地面积较小，系统结构不很复杂，成本较低，投资较小，可靠性较高，使用及维护均较简单。因此，柔性制造单元是柔性制造系统的主要发展方向之一，深受各类企业的欢迎。就其应用范围而言，柔性制造单元常用于品种变化不是很大、生产批量中等的生产规模。

9.计算机集成制造系统

计算机集成制造系统是目前最高级别的自动化制造系统，但这并不意味着计算机集成制造系统是完全自动化的制造系统。事实上，目前意义上计算机集成制造系统的自动化程度甚至比柔性制造系统还要低。计算机集成制造系统强调的主要是信息集成，而不是制造过程物流的自动化。计算机集成制造系统的主要缺点是系统十分庞大，包括的内容很多，要在一个企业完全实现难度很大。但可以采取部分集成的方式，逐步实现整个企业的信息及功能集成。

（四）机械制造自动化的辅助设备

机械制造自动化加工过程中的辅助工作包括工件的装夹、工件的上下料、在加工系统中的运输和存储、工件的在线检验、切屑与切削液的处理等。

要实现加工过程自动化，降低辅助工时，以提高生产率，就要采用相应的自动化辅助设备。

所加工产品的品种和生产批量、生产率的要求以及工件结构形式，决定了所采用的自动化加工系统的结构形式、布局、自动化程度，也决定了所采用的辅助设备的形式。

1.中小批量生产中的辅助设备

中小批量生产中所用的辅助设备要有一定的通用性和可变性，以适应产品和工艺的变换。

对于由设计或改装的通用自动化机床组成的加工系统，工件的装夹常采用组合模块式万能夹具。对于由数控机床和加工中心组成的柔性制造系统，可设置托盘，解决在同一机床上装夹不同结构工件的自动化问题，托盘上的夹紧定位点根据工件来确定，而托盘与机床的连接则有统一的基面和固定方式。

工件的上下料可以采用通用结构的机械手，改变手部模块的形式就可以适应不同的工件。

工件在加工系统中的传输，可以采用链式或滚子传送机，工件可以连同托盘和托架一起输送。在柔性制造系统中，自动运输小车是很常用和灵活的运输设备。它可以通过交换小车上的托盘，实现多种工件、刀具、可换主轴箱的运输。对于无轨自动运输小车，改变地面敷设的感应线就可以方便地改变小车的传输路线，具有很高的柔性。

搬运机器人与传送机组合输送方式也是很常用的。能自动更换手部的机器人，不仅能输送工件、刀具、夹具等各种物体，而且还可以装卸工件，适用于工件形状和运动功能要求柔性很大的场合。

面向中小批量的柔性制造系统中可以设置中央仓库，存储生产中的毛坯、半成品、刀具、托盘等各种物料。用堆垛起重机系统自动输送存取，在计算机控制、管理下，可实现无人化加工。

2. 大批量生产中的辅助设备

在大批量生产中所采用的自动化生产线上，夹具有固定式夹具和随行夹具两种类型。固定式夹具与一般机床夹具在原理和设计上是类似的，但用在自动化生产线上还应考虑结构上与输送装置之间不发生干涉，且便于排屑等特殊要求。随行夹具适用于结构形状比较复杂的工件，这时加工系统中应设置随行夹具的自动返回装置。

体积较小、形状简单的工件可以采用料斗式或料仓式上料装置；体积较大、形状复杂的工件，如箱体零件可采用机械手上下料。

工件在自动化生产线中的输送可采用步伐式输送装置。步伐式输送装置有拉爪式、摆杆式和抬起式等主要形式。可根据工件的结构形式、材料、加工要求等条件选择合适的输送方式。不便于布置步伐式输送装置的自动化生产线，也可以使用搬运机器人进行输送。回转体零件可以用输送槽式输料道输送。工件在自动线间或设备间采用传送机输送。可以直接输送工件，也可以连同托盘或托架一起输送。运输小车也可以用于大批量生产中的工件输送。

箱体类工件在加工过程中有翻转要求时，应在自动化生产线中或线间设置翻转装置。翻转动作也可以由上、下料手的手臂动作实现。

为了增加自动化生产线的柔性，平衡生产节拍，工序间可以设置中间仓库。自动输送工件的滑道，也具有一定的存储工件的功能。

在批量生产的自动线中，自动排屑装置实现了将不断产生的切屑从加工区清除的功能。它将切削液从切屑中分离出来以便重复使用，利用切屑运输装置将切屑从机床中运出，确保自动化生产线加工的顺利进行。

五、机械制造自动化的发展趋势

随着科学技术的飞速发展和社会的不断进步，先进的生产模式对自动化系统及技术提出了多种不同的要求，这些要求也同时代表了机械制造自动化技术将向可编程、适度自动化、信息化、智能化方向发展的趋势。

（一）高度智能集成性

随着计算机集成制造技术和人工智能技术在制造系统中的广泛应用，具备智能特性已成为自动化制造系统的主要特征之一。智能集成化制造系统可以根据外部环境的变化自动地调整自身的运行参数，使自己始终处于最佳运行状态，这称为系统具有自律能力。

智能集成化制造系统还具有自决策能力，能够最大限度地自行解决系统运行过程中所遇到的各种问题。由于有了智能，系统就可以自动监视本身的运行状态，发现故障则自动给予排除。如发现故障正在形成，则采取措施防止故障的发生。

智能集成化制造系统还应与计算机集成制造系统的其他分系统共同集成为一个有机的整体，以实现信息资源的共享。它的集成性不仅仅体现在信息的集成上，它还包括另一个层次的集成，即人和技术之间的集成，实现了人机功能的合理分配，并能够充分发挥人的主观能动性。

带有智能的制造系统还可以在最佳加工方法和加工参数选择、加工路线的最佳化和智能加工质量控制等方面发挥重要作用。

总之，智能集成化制造系统具有自适应能力、自学习能力、自修复能力、自组织能力和自我优化能力。因而，这种具有智能的集成化制造系统将是自动化制造系统的主要发展趋势之一。但由于受到人工智能技术发展的限制，智能集成型自动化制造系统的实现将是个缓慢的过程。

（二）人机结合的适度自动化

传统的自动化制造系统往往过分强调完全自动化，对如何发挥人的主导作用考虑甚少。但在先进生产模式下的自动化制造系统却并不过分强调它的自动化水平，而强调的是人机功能的合理分配，强调充分发挥人的主观能动性。因此，先进生产模式下的自动化制造系统是人机结合的适度自动化系统。这种系统的成本不高，但运行可靠性却很高，系统的结构也比较简单（特别体现在可重构制造系统上）。它的主要缺陷是人的情绪波动会影响系统的运行质量。

在先进生产模式下，特别是在智能制造系统中，计算机可以取代人的一部分思维、推

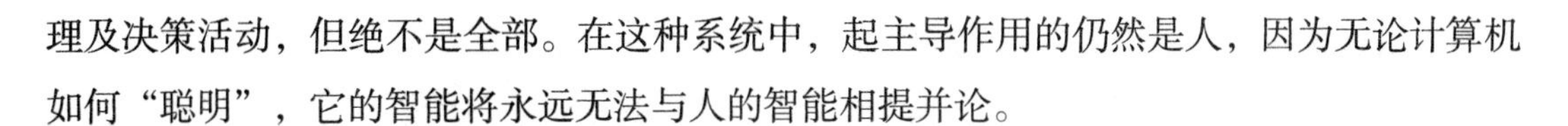

理及决策活动，但绝不是全部。在这种系统中，起主导作用的仍然是人，因为无论计算机如何“聪明”，它的智能将永远无法与人的智能相提并论。

（三）强调系统的柔性和敏捷性

传统的自动化制造系统的应用场合往往是大批量生产环境，这种环境不特别强调系统具有柔性。但先进生产模式下的自动化制造系统面对的却是多品种、小批量生产环境和不可预测的市场需求，这就要求系统具有比较大的柔性，能够满足产品快速更换的要求。实现自动化制造系统柔性的主要手段是采用成组技术和计算机控制的、模块化的数控设备。这里所说的柔性与传统意义上的柔性却不同，我们称之为敏捷性。传统意义上的柔性制造系统仅能在一定范围内具有柔性，而且系统的柔性范围是在系统设计时就预先确定了的，超出这个范围时系统就无能为力。先进生产模式下的自动化制造系统面对的是无法预测的外部环境，无法在规划系统时预先设定系统的有效范围，但由于系统具有智能且采用了多种新技术（如模块化技术和标准化技术），因此不管外部环境如何变化，系统都可以通过改变自身的结构适应之。智能制造系统的这种“敏捷性”比“柔性”具有更广泛的适应性。

（四）继续推广单元自动化技术

制造自动化大致是沿着数控化、柔性化、系统化、智能化的技术阶段升级，并朝数字化、信息化制造方向发展。单元自动化技术是这一技术阶梯的升级基础，包括计算机输入设计制造、数字控制、计算机数字控制、加工中心、自动导向小车、机器人、坐标测量机、快速成形、人机交互编程、制造资源计算、管理信息系统、产品数据管理、基于网络的制造技术、质量功能配置工艺性设计技术等，将使传统过程和装备发生质的变化，实现少或无图样快速设计、制造，以提高劳动生产率，提高产品质量，缩短设计、制造周期，提高企业的竞争力。

（五）发展应用新的单元自动化技术

自动化技术发展迅猛，主要依靠许多使能技术的进步和一些开发工具的扩大，它们将人们构思的自动操作付诸实现。如网络控制技术、组态软件、嵌入式芯片技术、数字信号处理器、可编程序控制器及工业控制机等，都属于自动控制技术中的使能技术。

1.网络控制技术

即网络化的控制系统，又称为控制网络。分布式控制系统（或称集散控制系统）、工业以太网和现场总线系统都属于网络控制系统。这体现了控制系统正向网络化、集成化、分布化、节点智能化的方向发展。

2. 组态软件

随着计算机技术的飞速发展，新型的工业自动控制系统正以标准的工业计算机软、硬件平台构成的集成系统取代传统的封闭式系统，它具有适应性强、开放性好、易于扩展、经济及开发周期短等优点。监控组态软件在新型的工业自动控制系统中起到了越来越重要的作用。

3. 嵌入式芯片技术

它是计算机的一种应用形式，通常指埋藏在宿主设备中的微处理系统。嵌入式处理器使宿主设备功能智能化、设备灵活和操作简单，这些设备小到移动电话，大到飞机导航系统，功能各异，千差万别，但都具有功能强、实用性强、结构紧凑、可靠性高和面向对象等共同特点。广义地讲，嵌入式芯片技术是指作为某种技术过程的核心处理环节，能直接与现实环境接口或交互的信息处理系统。

4. 数字信号处理器（DSP）

DSP器件随着性价比的不断提高，被越来越多地直接应用于自动控制领域。

（六）运用可重构制造技术

可重构制造技术是数控技术、机器人技术、物料传送技术、检测技术、计算机技术、网络技术和管理技术等的综合。所谓可重构制造，是指能够敏捷地自我调整系统结构以便快速响应环境变化，即具备动态重构能力的制造。由加工中心、物料传送系统和计算机控制系统等组成的可重构制造有可能成为未来制造业的主要生产手段。

第二节　机械制造自动化控制系统的分类

机械制造自动化控制系统有多种分类方法，比如，根据机械制造的控制系统发展分为机械传动的自动控制、液压传动的自动控制、继电接触器自动控制、计算机控制等，根据机械制造的控制系统应用范围分为局部部件控制、单机控制、多机联合控制、网络化多层计算机控制等。这里主要介绍以自动控制形式分类、以参与控制方式分类和以调节规律分类三种分类方法。

一、以自动控制形式分类

（一）计算机开环控制系统

若控制系统的输出对生产过程能行使控制，但控制结果——生产过程的状态没有影

响计算机控制的系统，其中计算机、控制器、生产过程等环节没有构成闭合回路，则称之为计算机开环控制系统。若生产过程的状态没有反馈给计算机，而是由操作人员监视生产过程的状态并决定着控制方案，使计算机行使其控制作用，这种控制形式称为计算机开环控制。

（二）计算机闭环控制系统

若计算机对生产对象或生产过程进行控制时，生产过程状态能直接影响计算机控制系统，称之为计算机闭环控制系统。其控制计算机在操作人员监视下，自动接收生产过程的状态检测结果，计算并确定控制方案，直接指挥控制部件（器）的动作，行使控制生产过程作用。在这样的系统中，一方面控制部件按控制机发来的控制信息对运行设备进行控制，另一方面运行设备的运行状态作为输出，由检测部件测出后，作为输入反馈给控制计算机，从而使控制计算机、控制部件、生产过程、检测部件构成一个闭环回路，这种控制形式称为计算机闭环控制。计算机闭环控制系统利用数学模型设置生产过程最佳值与检测结果反馈值之间的偏差，控制生产过程运行在最佳状态。

（三）在线控制系统

只要计算机对受控对象或受控生产过程能够行使直接控制，不需要人工干预的，都称之为计算机在线控制或联机控制系统。在线控制系统可以分为在线实时控制和分时方式控制。计算机实时控制系统是指一种在线实时控制系统，对被控对象的全部操作（信息检测和控制信息输出）都是在计算机直接参与下进行的，无须管理人员干预；计算机分时方式控制是指直接数字控制系统是按分时方式进行控制的，按照固定的采样周期对所有的被控制回路逐个进行采样，依次计算并形成控制输出，以实现一个计算机对多个被控回路的控制。

（四）离线控制系统

计算机没有直接参与控制对象或受控生产过程，它只完成受控对象或受控过程的状态检测，并对检测的数据进行处理，而后制订出控制方案，输出控制指示，然后操作人员参考控制指示，进行人工手动操作，使控制部件对受控对象或受控过程进行控制，这种控制形式称为计算机离线控制系统。

（五）实时控制系统

计算机实时控制系统是指当受控对象或受控过程在请求处理或请求控制时，其控制机能及时处理并进行控制的系统。实时控制系统通常用在生产过程是间断进行的场合，只有进入过程才要求计算机进行控制。计算机一旦进行控制，就要求计算机对来自生产过程的信息在规定的时间内做出反应或控制，这种系统常使用完善的中断系统和中断处理程序来实现。

综上所述，一个在线系统并不一定是实时系统，但是一个实时系统必定是一个在线系统。

二、以参与控制方式分类

（一）直接数字控制系统

由控制计算机取代常规的模拟调节仪表而直接对生产过程进行控制的系统，称为直接数字控制（Direct Digital Control，DDC）系统。受控的生产过程的控制部件接收的控制信号可以通过控制机的过程输入/输出通道中的数/模（D/A）转换器，将计算机输出的数字控制量转换成模拟量，输入的模拟量也要经控制机的过程输入/输出通道的模/数（A/D）转换器转换成数字量进入计算机。

DDC控制系统中常使用小型计算机或微型机的分时系统来实现多个点的控制功能，实际上是属于控制机离散采样，实现离散多点控制。DDC计算机控制系统已成为当前计算机控制系统中的主要控制形式之一。

DDC控制的优点是灵活性大、可靠性高和价格便宜，能用数字运算形式对若干个回路甚至数十个回路的生产过程，进行比例—积分—微分（PID）控制，使工业受控对象的状态保持在给定值，偏差小且稳定，而且只要改变控制算法和应用程序便可实现较复杂的控制，如前馈控制和最佳控制等。一般情况下，DDC控制常作为更复杂的高级控制的执行级。

（二）计算机监督控制系统

计算机监督控制系统（Supervisory Computer Control，SCC）是利用计算机对工业生产过程进行监督管理和控制的计算机控制系统。监督控制是一个二级控制系统，DDC计算机直接对被控对象和生产过程进行控制，其功能类似于DDC直接数字控制系统。直接数字控制系统的设定值是事先规定的，但监督控制系统可以通过对外部信息的检测，根据当时的工艺条件和控制状态，按照一定的数学模型和优化准则，在线计算最优设定值，并及时送至下一级DDC计算机，实现自适应控制，使控制过程始终处于最优状态。

（三）计算机多级控制系统

计算机多级控制系统是按照企业组织生产的层次和等级配置多台计算机来综合实施

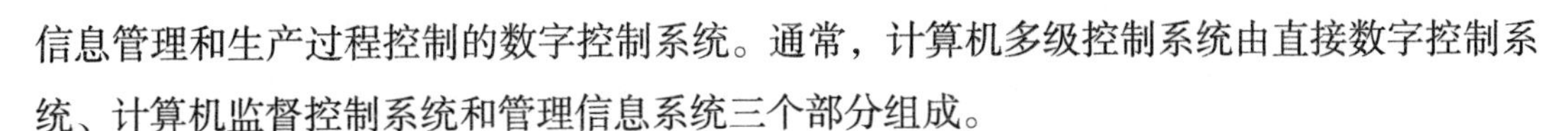

信息管理和生产过程控制的数字控制系统。通常，计算机多级控制系统由直接数字控制系统、计算机监督控制系统和管理信息系统三个部分组成。

1. 直接数字控制系统：位于多级控制系统的最末级，其任务是直接控制生产过程，实施多种控制功能，并完成数据采集、报警等功能。直接数字控制系统通常由若干台小型计算机或微型计算机构成。

2. 计算机监督控制系统：是多级控制系统的第二级，指挥直接数字控制系统的工作，在有些情况下，监督控制系统也可以兼顾一些直接数字控制系统的工作。

3. 管理信息系统：主要进行计划和调度，指挥监督控制系统工作。按照管理范围还可以把管理信息系统分为若干个等级，如车间级、工厂级、公司级等。管理信息系统的工作通常由中型计算机或大型计算机来完成。

（四）集散控制系统

在计算机多级控制系统的基础上发展起来的集散控制系统是生产过程中的一种比较完善的控制和管理系统。集散控制系统（Cistributed Control System，DCS），是由多台计算机分别控制生产过程中多个控制回路，同时又可集中获取数据和集中管理的自动控制系统。

集散控制系统采用微处理器分别控制各个回路，而用中小型工业控制计算机或高性能的微处理机实现上一级的控制，各回路之间和上下级之间通过高速数据通道交换信息。集散控制系统具有数据获取、直接数字控制、人机交互以及监督和管理等功能。

在集散控制系统中，按地区把微处理机安装在测量装置与执行机构附近，将控制功能尽可能分散，管理功能相对集中。这种集散化的控制方式会提高系统的可靠性，不像在直接数字控制系统中，当计算机出现故障时会使整个系统失去控制那样。在集散控制系统中，当管理级出现故障时，过程控制级仍有独立的控制能力，个别控制回路出现故障也不会影响全局。相对集中的管理方式有利于实现功能标准化的模块化设计，与计算机多级控制相比，集散控制系统在结构上更加灵活，布局更加合理，成本更低。

集散控制系统通常可分为二层结构模式、三层结构模式和四层结构模式。

三、以调节规律分类

（一）程序控制

如果计算机控制系统是按照预先编制的固定程序进行自动控制，则这种控制称为程序控制。例如，炉温按照一定的时间曲线进行控制就为程序控制。

（二）顺序控制

在程序控制的基础上产生了顺序控制。计算机如能根据随时间推移所确定的对应值和此刻以前的控制结果两个方面情况行使对生产过程的控制，则称之为计算机的顺序控制。

（三）比例—积分—微分（PID）控制

常规的模拟调节仪表可以完成PID控制，用微型计算机也可以实现PID控制。

（四）前馈控制

通常的反馈控制系统中，由干扰造成了一定后果后才能反馈过来产生抑制干扰的控制作用，因而产生滞后控制的不良后果。为了克服这种滞后的不良控制，用计算机接收干扰信号后，在还没有产生后果之前插入一个前馈控制作用，使其刚好在干扰点上完全抵消干扰对控制变量的影响，这种控制称为前馈控制，又称为扰动补偿控制。

（五）最优控制（最佳控制）系统

控制计算机如有使受控对象处于最佳状态运行的控制系统，则称之为最佳控制系统。此时计算机控制系统在现有的限定条件下，恰当选择控制规律（数学模型），使受控对象运行指标处于最优状态，如产量最大、消耗最少、质量合格率最高、废品率最少等。最佳状态是由定出的数学模型确定的，有时是在限定的某几种范围内追求单项最好指标，有时是要求综合性最优指标。

（六）自适应控制系统

上述的最佳控制，当工作条件或限定条件改变时，就不能获得最佳的控制效果了。如果在工作条件改变的情况下，仍然能使控制系统对受控对象进行控制而处于最佳状态，这样的控制系统称为自适应系统。这就要求数学模型体现出在条件改变的情况下，如何达到最佳状态，控制计算机检测到条件改变的信息，按数学模型给出的规律进行计算，用以改变控制变量，使受控对象仍能处在最好状态。

（七）自学习控制系统

如果用计算机能够不断地根据受控对象运行结果积累经验，自行改变和完善控制规律，使控制效果越来越好，这样的控制系统称为自学习控制系统。

最优控制、自适应控制和自学习控制都涉及多参数、多变量的复杂控制系统，都属于近代控制理论研究的问题。系统稳定性的判断，多种因素影响控制的复杂数学模型研究等，都必须有生产管理、生产工艺、自动控制、检测仪表、程序设计、计算机硬件各方面人员相互配合才能得以实现。应根据受控对象要求反应时间的长短、控制点数的多少和数学模型的复杂程度来决定所选用的计算机规模，一般来说，需要功能很强（速度与计算功能）的计算机才能实现。

上述诸种控制既可以是单一的，也可以是几种形式结合的，并对生产过程实现控制。这要针对受控对象的实际情况，在系统分析、系统设计时确定。

第三节　顺序控制系统

顺序控制是指按预先设定好的顺序使控制动作逐次进行的控制。在机械制造自动化控制系统中，顺序控制经历了固定程序的继电器控制、组合式逻辑顺序控制和计算机可编程序控制器三个阶段。

一、固定程序的继电器控制系统

一般来说，继电器控制系统的主要特点是，利用继电器接触器的动合触点（用K表示）和动断触点的串、并联组合来实现基本的“与”“或”“非”等逻辑控制功能。

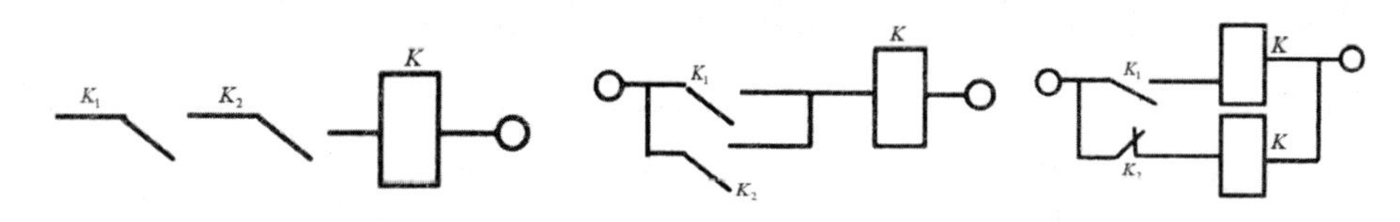

图5–1　基本的“与”“或”“非”逻辑控制图

如图5-1所示为“与”“或”“非”逻辑控制图。由图可见，触点的串联叫作“与”控制，如K_1与K_2都动作时K才能得电；触点的并联叫作“或”控制，如K_1或K_2有一个动作K就得电；而动合触点K_2与动断触点K_1互为相反状态，叫作“非”控制。

在继电控制系统中，还常常用到时间继电器（例如延时打开、延时闭合、定时工作等），有时还需要其他控制功能，例如计数等。这些都可以用时间继电器及其他继电器的“与”“或”“非”触点组合加以实现。

二、组合式逻辑顺序控制系统

若要克服继电接触器顺序控制系统程序不能变更的缺点，同时使强电控制的电路弱电化，只须将强电换成低压直流电路，再增加一些二极管构成所谓的矩阵电路即可实现。这种矩阵电路的优点在于：一个触点变量可以为多个支路所公用，而且调换二极管在电路中的位置能够方便地重组电路，以适应不同的控制要求。这种控制器一般由输入、输出、矩阵板（组合网路）三个部分组成。

（一）输入部分

主要由继电器组成，用来反映现场的信号，例如来自现场的行程开关、按钮、接近开关、光电开关、压力开关以及其他各种检测信号等，并把它们统一转换成矩阵板所能接收的信号送入矩阵板。

（二）输出部分

主要由输出放大器和输出继电器组成，主要作用是把矩阵送来的电信号变成开关信号，用来控制执行机构。执行机构（如接触器、电磁阀等）是由输出继电器动合触点来控制的。同时，输出继电器的另一对动合触点和动断触点作为控制信号反馈到矩阵板上，以便编程中需要反馈信号时使用。

（三）矩阵板组合网络

矩阵板及二极管所组成的组合网络，用来综合信号，对输入信号和反馈信号进行逻辑运算，实现逻辑控制功能。

在继电器控制线路中，将两个触点串联起来去控制一个继电器K，这种串联控制就是“与”控制。在组合式逻辑顺序控制器矩阵中的“与”控制如图5-2所示。

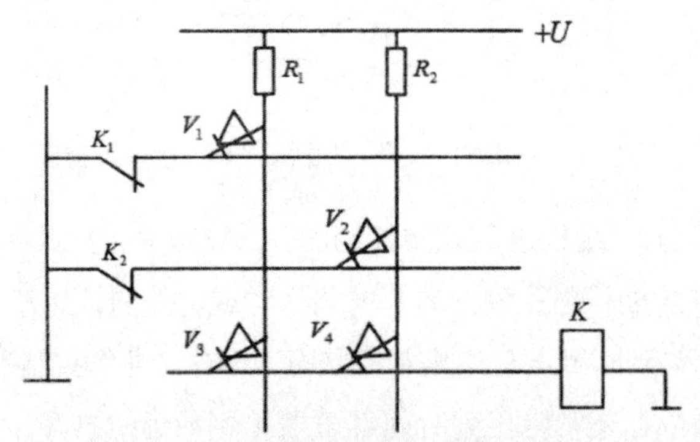

图5–2 顺序控制器中的“与”控制

以下继电器K得电用z表示，K_1，K_2动作分别用x_1、x_2表示。由图5-2可见，只有K_1与K_2都动作（打开）时，K才能得电，用逻辑式表示“与”的关系为

$$z = x_1 x_2$$

当K_1打开、K_2闭合时，K可由第一条母线（竖线）经二极管V_3得电，当K_2打开、K_1闭合时，K由第二条母线经二极管V_4得电，当K_1、K_2都打开时，K可由两条通路同时得电，其逻辑关系为

$$z = x_1 + x_2$$

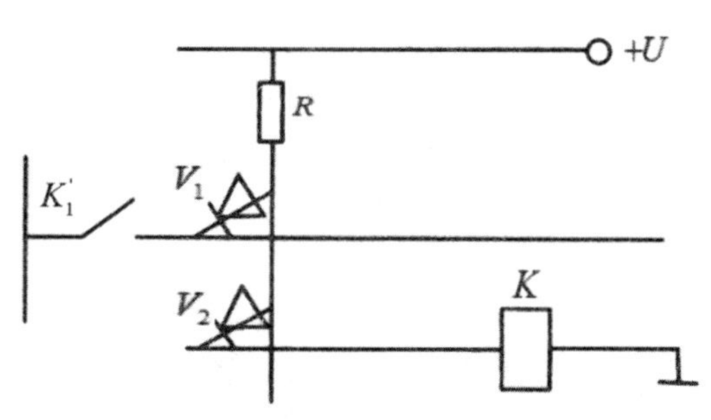

图5–3　顺序控制器中的“非”控制

同理，可分析“非”控制的原理，图5-3可用以说明矩阵板中的“非”控制，图中K'_1是动合触点，K'_1不动作（断开）时，电流经R、V_2到K，使K动作；反之，K'_1动作（闭合）时，电源电压被V_1和K'_1旁路，K不能动作。

上述“与”“或”“非”的控制组合，可以组成各种控制功能，如“与非”“或非”“与或非”“互锁”“计数”“记忆”等，从而实现各种控制功能。

一般而言，组合式逻辑顺序控制器，都是以“与”“或”“非”组合的基本控制单元形式的组合网络为主体，与输入输出及中间元件、时间元件相配合，按程序完成规定的动作，如电磁阀的启动、电动机的启停等，或控制各动作量，如控制位移、时间及有关参量等。

组合式逻辑顺序控制器的设计，首先，需要对被控制对象，包括整个生产过程的运行方式、信号的取得、整个过程的动作顺序、与相关设备的联系以及有无特殊要求等，做全面的了解。其次，对被采用的控制装置的控制原理、技术性能指标、扩展组合的能力（例如输入、输出功能、时间单元特性、计数功能等）也要有充分的了解，然后在此基础上进行设计。其设计方法主要有两种：第一种是根据生产工艺要求，采用一般强电控制即继电接触器控制线路的设计方法，其步骤是先写出逻辑式，然后根据逻辑式画矩阵图；第二种是根据工艺流程画出动作顺序流程图，由流程图再编写逻辑代数式，最后画二极管矩阵图。

三、可编程序控制器

可编程序控制器是针对传统的继电器控制设备所存在的维护困难、编程复杂等缺点而产生的。最初，可编程逻辑控制器（Programmable Logic Controller，PLC）主要用于顺序控制，虽然采用了计算机的设计思想，但实际上只能进行逻辑运算。

随着计算机技术的发展，可编程逻辑控制器的功能不断扩展和完善，其功能远远超出了逻辑控制、顺序控制的范围，具备了模拟量控制、过程控制以及远程通信等强大功能，所以美国电气制造商协会（NEMA）将其正式命名为可编程控制器（Programmable Controller），简称PC。但是为了和个人计算机（Personal Computer）的简称PC相区别，人们常常把可编程控制器仍简称为PLC。

PLC是一种以微处理器为核心的新型控制器。主要用于自动化制造系统底层设备的控制，如加工中心换刀机构、工件运输设备、托盘交换装置等的控制，属设备控制层。

（一）PLC的基本结构

可编程序控制器的具体结构各不相同，但其基本结构一般都由中央处理单元、输入/输出单元、电源及其他外部设备构成。

1.中央处理单元

中央处理单元是PLC控制系统的核心，负责指挥、协调整个PLC的工作，它包括微处理器（CPU）和ROM、RAM存储器。

微处理器可以采用通用的8位、16位CPU芯片或单片机，也可采用专用的芯片。它通过总线读取指令和数据，根据指令进行运算及数据处理、输出。

ROM存储器里的内容相当于PLC的操作系统，它包括对PLC的监控、故障检测、系统管理、用户程序翻译、子程序及其调用等多项功能。

RAM存储器包括用户程序存储器及功能存储器，前者用于存储用户程序，后者可作为PLC的内部器件，如输入/输出继电器、内部继电器、移位继电器、数据寄存器、定时器、计数器等。

2.输入/输出单元

输入/输出单元是PLC与被控设备的接口。输入单元负责把由用户设备送来的控制信号通过输入接口电路转换成中央处理单元可以接收的信号。为了提高抗干扰能力，输入单元必须采用光电耦合方式使输入信号与内部电路在电路上隔离，同时还要进行干扰滤波消除。

输出单元也需要采用光耦元件或继电器进行内外电路的隔离，必要时还要进行功率放大，以便驱动工业控制设备。

在输入/输出端子的配线上，通常是若干个输入/输出端子共用一个公共端子，公共端子之间在电气上绝缘，这称为汇点方式。若输入/输出设备须独立电源或对干扰较敏感，也可采用各回路间相互独立的隔离方式。PLC一般都提供了这两种配线方式。

3.电源

PLC的电源用以将交流电转换成中央处理单元动作所需的低压直流电，它也需要较好的性能及稳定性，以免影响PLC的工作。目前，大多采用开关式稳压电源。

4.外部设备

中央处理单元、输入/输出单元和电源是PLC工作必不可少的三个部分。除此之外，PLC还配有多种接口，以便进行扩展和连接一些外部设备，如编程器、打印机、磁带机、磁盘驱动器、计算机等。

（二）PLC的主要特点及应用

1.控制程序可变，具有很好的柔性

在控制任务发生变化和控制功能扩展的情况下，不必改变PLC的硬件，只须根据需要重新编程就可适应。PLC的应用范围不断扩大，除了代替硬接线的继电器——接触器控制外，还进入了工业过程控制计算机的应用领域，从自动化单机到自动化制造系统都得到了应用，如数控机床、工业机器人、柔性制造单元、柔性制造系统、柔性制造线等。

2.工作可靠性高，适用于工业环境

PLC产品平均无故障时间一般可达五年以上，它经得起振动、噪声、温度、湿度、粉尘、磁场等的干扰，是一种高度可靠的工业产品，可直接应用于工业现场。

3.功能完善

早期的PLC仅具有逻辑控制功能，现代的PLC具有数字和模拟量输入和输出、逻辑和算数运算、定时、计数、顺序控制、PID调节、各种智能模块、远程I/O模块、通信、人机对话、自诊断、记录和图形显示等功能。

4.易于掌握，便于修改

PLC使用编程器进行编程和监控，使用人员只须掌握工程上通用的梯形图语言（或语词表、流程图）就可进行用户程序的编制和调试。即使不太懂计算机的操作人员也能掌握和使用。

PLC有完善的自诊断功能、输入/输出均有明显的指示，在线监控的软件功能很强，能很快查出故障的原因，并能迅速排除故障。

5.体积小，省电

与传统的控制系统相比，PLC的体积很小，一台收录机大小的PLC相当于1.8 m高的继电器控制柜的功能，PLC消耗的功率只是传统控制系统的1/3 ~ 1/2。

6.价格低廉

随着集成电路芯片功能的提高和价格的降低，PLC的硬件价格也在不断下降，PLC的软件价格所占的比重在不断提高。但由于使用PLC减少了设计、编程和调试费用，总的费用还是低廉的，而且还呈不断下降的趋势。

第四节 计算机数字控制系统

计算机数字控制，简称CNC（Computer Numerical Control），主要是指机床控制器，属设备控制层。

CNC是在硬件数控NC的基础上发展起来的，它在计算机硬件的支持下，由软件实现数控的部分或全部功能。为了满足不同控制要求，只须改变相应软件，无须改变硬件电路。微型计算机是CNC的核心，外围设备接口电路通过总线（BUS）和CPU连接。现代CNC对外都具有通信接口，如RS232，先进的CNC对外还具有网络接口。CNC具有较大容量的存储器，可存储一个或多个零件数控程序。CNC相对于硬NC具有较高的通用性和柔性、易于实现多功能和复杂程序的控制、工作可靠、维修方便、具有通信接口、便于集成等特点。

一、CNC 机床数控系统的组成及功能原理

CNC机床数控系统由输入程序、输入输出设备、计算机数字控制装置、可编程控制器（PLC）、进给伺服驱动装置、主轴伺服驱动装置等所组成。

数控系统的核心是CNC装置。CNC装置采用存储程序的专用计算机，它由硬件和软件两个部分组成，软件在硬件环境支持下完成一部分或全部数控功能。

CNC装置的主要功能如下：

1. 运动轴控制和多轴联动控制功能。

2. 准备功能。即用来设定机床动作方式，包括基本移动、程序暂停、平面选择、坐标设定、刀具补偿、固定循环等。

3. 插补功能。包括直线插补、圆弧插补、抛物线插补等。

4. 辅助功能。即用来规定主轴的启停、转向，冷却润滑的通断、刀库的启停等。

5. 补偿功能。包括刀具半径补偿、刀具长度补偿、反向间隙补偿、螺距补偿、温度补偿等。

此外，还有字符图形显示、故障诊断、系统通信、程序编辑等功能。数控系统中的PLC主要用于开关量的输入和控制，包括控制面板的输入、机床主轴的启停与换向、刀具的更换、冷却润滑的启停、工件的夹紧与松开、工作台分度等开关量的控制。数控系统的工作过程：第一，从零件程序存储区逐段读出数控程序；第二，对读出的程序段进行译码，将程序段中的数据依据各自的地址送到相应的缓冲区，同时完成对程序段的语法检查；第三，进行数据预处理，包括刀具半径补偿、刀具长度补偿、象限及进给方向判断、进给速

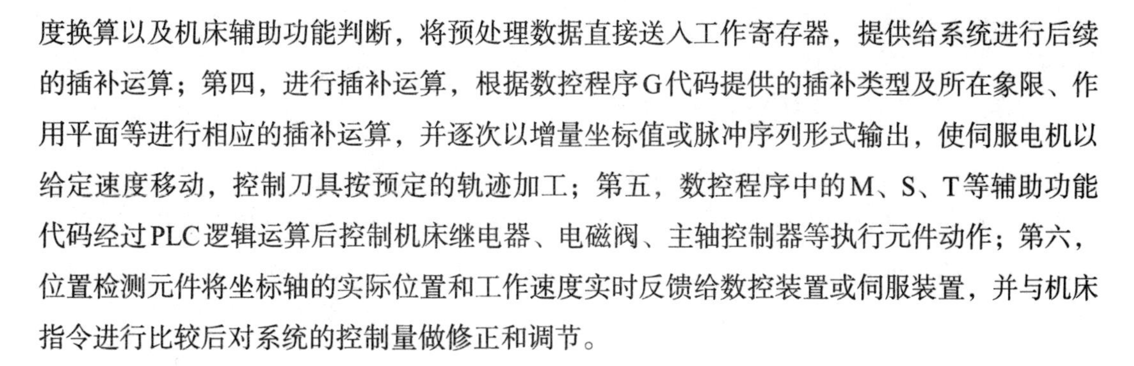
度换算以及机床辅助功能判断，将预处理数据直接送入工作寄存器，提供给系统进行后续的插补运算；第四，进行插补运算，根据数控程序G代码提供的插补类型及所在象限、作用平面等进行相应的插补运算，并逐次以增量坐标值或脉冲序列形式输出，使伺服电机以给定速度移动，控制刀具按预定的轨迹加工；第五，数控程序中的M、S、T等辅助功能代码经过PLC逻辑运算后控制机床继电器、电磁阀、主轴控制器等执行元件动作；第六，位置检测元件将坐标轴的实际位置和工作速度实时反馈给数控装置或伺服装置，并与机床指令进行比较后对系统的控制量做修正和调节。

二、CNC 装置硬件结构

CNC装置的硬件结构一般分为单CPU结构、多CPU结构及基于PC微机的CNC系统结构。

（一）单 CPU 结构

在单CPU结构中，只有一个CPU集中控制、分时处理的数控的多个任务。虽然有的CNC装置有两个以上的CPU，但只有一个CPU能够控制系统总线，占有总线资源，而其他的CPU成为专用的智能部件，不能控制系统总线，不能访问主存储器。

（二）多 CPU 结构

多CPU数控装置配置多个CPU处理器，通过公用地址与数据总线进行相互连接，每个CPU共享系统公用存储器与I/O接口，各自完成系统所分配的功能，从而将单CPU系统中的集中控制、分时处理作业方式转变为多CPU、多任务并行处理方式，使整个系统的计算速度和处理能力得到大大提高。

多CPU结构的CNC装置以系统总线为中心，把各个模块有效地连接在一起，按照系统总体要求交换各种数据和控制信息，实现各种预定的控制功能。

这种结构的基本功能模块可分为以下五类：

1. CNC管理模块，用于控制管理的中央处理机。

2. 位置控制模块、PLC模块及对话式自动编程模块，用于处理不同的控制任务。

3. 存储器模块，用于存储各类控制数据和机床数据。

4. CNC插补模块，用于对零件程序进行译码、刀具半径补偿、坐标位移量计算、进给速度处理等插补前的预处理，完成插补计算，为各坐标轴提供精确的给定位置。

5. 输入/输出和显示模块，用于工艺数据处理的二进制输入/输出接口、外围设备耦合的串行接口，以及处理结构输出显示。

多CPU结构的CNC系统具有良好的适应性、扩展性和可靠性，性能价格比高，因此被众多数控系统所采用。

（三）基于PC微机的CNC系统结构

基于PC微机的CNC系统是当前数控系统的一种发展趋势，它得益于PC微机的飞速发展和软件控制技术的日益完善。利用PC微机丰富的软硬件资源可将许多现代控制技术融入数控系统；借助PC微机友好的人机交互界面，可为数控系统增添多媒体功能和网络功能。

三、CNC数控系统的软件结构

软件的结构取决于装置中软件和硬件的分工，也取决于软件本身的工作性质。CNC系统软件包括零件程序的管理软件和系统控制软件两大部分。零件程序的管理软件实现屏幕编辑、零件程序的存储及调度管理，以及与外界的信息交换等功能。系统控制软件是一种前后台结构式的软件。前台程序（实时中断服务程序）承担全部实时功能，而准备工作及协调处理则在后台程序中完成。后台程序是一个循环运行的程序，在其运行过程中实时中断服务程序不断插入，共同完成零件加工任务。

CNC系统是一个专用的实时多任务计算机控制系统，其控制软件中融合了当今计算机软件技术的许多先进技术，其中最突出的是多任务并行处理和多重实时中断。多任务并行处理所包含的技术有CNC装置的多任务、并行处理的资源分时共享和资源重叠流水处理、并行处理中的信息交换和同步等。

四、开放式CNC数控系统

数控系统越来越广泛地应用到各种控制领域，同时也不断地对数控系统软硬件提出了新的要求，其中较为突出的是要求数控系统具有开放性，以满足系统技术的快速发展和用户自主开发的需要。

采用PC微机开发开放式数控系统已成为数控系统技术发展的主流，这也是国内外开放式数控系统研究的一个热点。实现基于PC微机的开放式数控系统有如下三种途径：

1.PC机+专用数控模板

即在PC机上嵌入专用数控模板，该模板具有位置控制功能、实时信息采集功能、输入输出接口处理功能和内装式PLC单元等。这种结构形式使整个系统可以共享PC机的硬件资源，利用其丰富的支撑软件可以直接与网络和CAD/CAM系统连接。与传统CNC系统相比，它具有软硬件资源的丰富性、透明性和共享性，便于系统的升级换代。然而，这种结构形式的数控系统的开放性只限于PC微机部分，其专用的数控部分仍处于封闭状态，只能说是有限的开放。

2.PC机+运动控制卡

这种基于开放式运动控制卡的系统结构是以通用微机为平台，以PC机标准插件形式的开放式运动控制卡为控制核心。通用PC机负责如数控程序编辑、人机界面管理、外部通信等功能，运动控制卡负责机床的运动控制和逻辑控制。这种运动控制卡以子程序的方式解释并执行数控程序，以PLC子程序完成机床逻辑量的控制；支持用户的二次开发和自主扩展，既具有PC微机的开放性，又具有专用数控模块的开放性，可以说具有上、下两级的开放性。这种运动控制卡是以美国Delta Tau公司的PMAC多轴运动卡（Programmable Multi-Axis Controller）为典型代表，它拥有自身的CPU，同时开放包括通信端口、存储结构在内的大部分地址空间，具有灵活性好、功能稳定、可共享计算机所有资源等特点。

3.纯PC机型

即全软件形式的PC机数控系统。这类系统目前正处于探索阶段，还未能形成产品，但它代表了数控系统的发展方向。

第五节　自适应控制系统

一、自适应控制的含义

为了使控制对象参数在大范围内变化时，系统仍能自动地工作于最优或接近于最优的运行状态，就提出了自适应控制问题。

自适应控制可简单地定义为：在系统工作过程中，系统本身能不断地检测系统参数或运行指标，根据参数的变化或运行指标的变化，改变控制参数或控制作用，使系统运行于最优或接近于最优工作状态。

自适应控制与常规反馈控制一样，也是一种基于数学模型的控制方法，所不同的是自适应控制所依据的关于模型和扰动的先验知识比较少，需要在系统的运行过程中不断提取有关模型的信息，使模型逐渐完善。

具体地说，可以依据对象的输入输出数据，不断地辨识模型的参数，随着生产过程的不断进行，通过在线辨识，模型会变得越来越准确，越来越接近于实际。既然模型在不断地改进，显然基于这种模型综合出来的控制作用也将随之不断改进，使控制系统具有一定的适应能力。从本质上讲，自适应控制具有“辨识—决策—修改”的功能。

1.辨识被控对象的结构和参数或性能指标的变化，以便精确地建立被控对象的数学模型，或当前的实际性能指标。

2.综合出一种控制策略或控制律，确保被控系统达到期望的性能指标。

3.自动地修正控制器的参数以保证所综合出来的控制策略在被控对象上得到实现。

二、自适应控制的基本内容与分类

比较成熟的自适应控制系统有两大类：模型参考自适应控制和自校正控制。前者由参考模型、实际对象、减法器、调节器和自适应机构组成调节器，力图使实际对象的特性接近于参考模型的特性，减法器形成参考模型和实际对象的状态或者输出之间的偏差，自适应机构根据偏差信号来校正调节器的参数或产生附加控制信号；后者主要由两个部分组成，一个是参数估计器，另一个是控制器，参数估计器得到控制器的参数修正值，控制器计算控制动作。

自适应控制系统是一种非线性系统，因此在设计时往往要考虑稳定性、收敛性和鲁棒性三个主要内容。

一是稳定性。在整个自适应控制过程中，系统中的所有变量都必须一致有界。这里的变量不仅指系统的输入、输出和状态，而且还包括可调参数和增益等，这样才能保证系统的稳定性。

二是收敛性。算法的收敛性问题是一个十分重要的问题。对自适应控制来说，如果一种自适应算法被证明是收敛的，那该算法就有实际的应用价值。

三是鲁棒性。所谓自适应控制系统的鲁棒性，是指存在扰动和不确定性的条件下，系统保持其稳定性和性能的能力。如果能保持稳定性，则称系统具有稳定鲁棒性。显然，一个有效的自适应控制系统必须具有稳定鲁棒性，也应当具有性能鲁棒性。

（一）模型参考自适应控制

所谓模型参考自适应控制，就是在系统中设置一个动态品质优良的参考模型，在系统运行过程中，要求被控对象的动态特性与参考模型的动态特性一致，例如，要求状态一致或输出一致。

自适应控制的作用是使控制对象的状态X_p与理想的参考模型的状态X_m一致。当被控对象的参数变化或受干扰影响时，X_p与X_m可能不一致，通过比较器得到误差向量$\boldsymbol{e}$，将$\boldsymbol{e}$输入自适应机构。

自适应机构按照某一自适应规律调整前馈调节器和反馈调节器的参数，改变被控对象的状态X_p，使X_p与X_m相一致，误差e趋近于零值，以达到自适应的要求。

控制对象的参数一般是不能调整的，为了改变控制对象的动态特性，只能调节前馈调节器和反馈调节器的参数。控制对象和前馈调节器反馈调节器一起组成一个可调整的系统，称之为可调系统。

有时为了方便起见，就用可调系统方框来表示被控对象和前馈调节器及反馈调节器的组合。

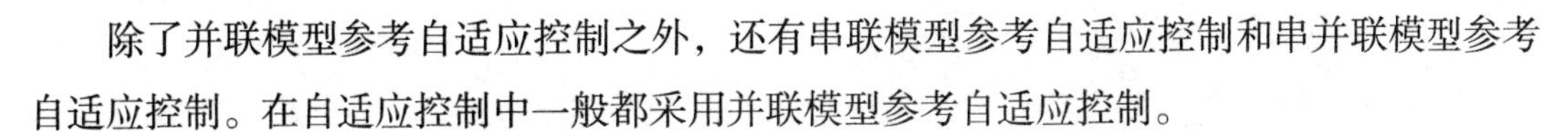

除了并联模型参考自适应控制之外，还有串联模型参考自适应控制和串并联模型参考自适应控制。在自适应控制中一般都采用并联模型参考自适应控制。

以上是按结构形式对模型参考自适应控制系统进行分类，还有其他的分类方法。例如，按自适应控制的实现方式（连续性或离散性）来分，可分为：①连续时间模型参考自适应系统；②离散时间模型参考自适应系统；③混合式模型参考自适应系统。

模型参考自适应控制一般适用于确定性连续控制系统。

模型参考自适应控制的设计可用局部参数优化理论、李雅普诺夫稳定性理论和超稳定性理论。

用局部参数优化理论来设计模型参考自适应系统是最早采用的方法，用这种方法设计出来的模型参考自适应系统不一定稳定，还须进一步研究自适应系统的稳定性。

（二）自校正控制

自校正控制的基本思想是将参数递推估计算法与对系统运行指标的要求结合起来，形成一个能自动校正调节器或控制器参数的实时计算机控制系统。

首先读取被控对象的输入 $u(t)$ 和输出 $y(t)$ 的实测数据，用在线递推辨识方法，辨识被控对象的参数向量 θ 和随机干扰的数学模型。

按照辨识求得的参数向量估值和对系统运行指标的要求，随时调整调节器或控制器参数，给出最优控制 $u(t)$，使系统适应于本身参数的变化和环境干扰的变化，处于最优的工作状态。

自校正控制可分为自校正调节器与自校正控制器两大类。

自校正控制的运行指标可以是输出方差最小、最优跟踪或具有希望的极点配置等。因此，自校正控制又可分为最小方差自校正控制、广义最小方差自校正控制和极点配置自校正控制等。

设计校正控制的主要问题是用递推辨识算法辨识系统参数，而后根据系统运行指标来确定调节器或控制器的参数。一般情况下，自校正控制适用于离散随机控制系统。

第六章　机械设计方法及其应用

第一节　机械结构优化设计及其应用

一、机械优化设计概述

（一）基于目标的优化设计

优化设计（Optimum Design，OD）是在计算机广泛应用的基础上发展起来的一项设计技术，其目标是在给定技术条件下获得最优设计目标，保证产品具有优良的性能。随着数学理论和电子计算机技术的进一步发展，优化设计已逐步形成为一门新兴的、独立的工程学科，并在生产实践中得到了广泛的应用。

优化设计的指导思想源于它所倡导的开放型思维方式，即在面对问题时，以最终期望的目标为核心。优化的实质是对问题寻优的过程，实现优化必须具备两个条件：①存在一个优化目标；②有多个可供选择的方案。优化问题就是采用一定的方法和手段从众多的可行方案中找出距最优设计目标最近的方案，解决优化问题也就是要在多种因素下寻求使人最满意、最适宜的一组设计参数（设计变量）。如何找到一组最合适的设计变量，在允许的范围内，能使所设计的产品结构最合理、性能最好、质量最高、成本最低（技术经济指标最佳）、有市场竞争能力，同时设计的时间又不要太长，这就是优化设计所要解决的问题。根据数学形式的不同，优化问题可以划分为线性规划、非线性规划和动态规划三大类。线性规划的目标函数和约束方程均为设计变量的线性函数，多用于生产组织和管理方面的优化求解；在非线性规划的目标函数和约束方程中，至少有一个与设计变量存在非线性关系；动态规范特点是其设计变量是成序列化的、分多阶段决策的。

现代优化技术以运筹学理论为基础，逐渐形成了一系列优化理论与方法，包括优化设计、优化试验和优化控制等。机械产品优化设计是优化设计的一个分支，它将数学规划理论、计算技术和机械设计三者有机结合起来，按照一定的逻辑格式优选受各种因素影响和制约的设计方案，以确定最佳方案，使所设计的产品最优。现代优化设计具有完整的设计体系，即需要建立一个便于计算机计算和处理的“数学模型”，建立求解该模型的“优

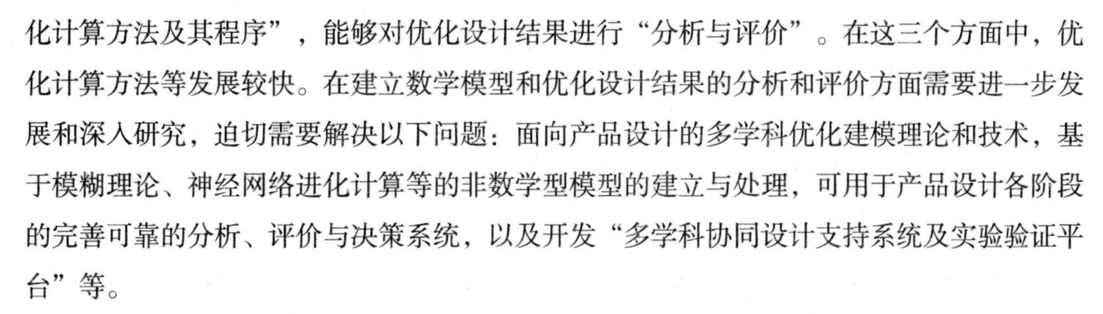

化计算方法及其程序”，能够对优化设计结果进行“分析与评价”。在这三个方面中，优化计算方法等发展较快。在建立数学模型和优化设计结果的分析和评价方面需要进一步发展和深入研究，迫切需要解决以下问题：面向产品设计的多学科优化建模理论和技术，基于模糊理论、神经网络进化计算等的非数学型模型的建立与处理，可用于产品设计各阶段的完善可靠的分析、评价与决策系统，以及开发“多学科协同设计支持系统及实验验证平台”等。

优化设计建模是将机械优化设计问题抽象和表述为计算机可以接受和处理的设计与计算模型，它的表现形式可以是数学模型、逻辑模型和数字化模型等，其中应用最广的是数学模型。在建模中既要求它能准确地反映优化参数、优化准则和约束条件之间的基本关系，又要便于计算与处理。针对工程设计问题的复杂性和差异性，人们提出了许多建模方法，如数学建模、有限元建模、仿真建模、图形建模、曲线图表近似建模、基于实体设计的响应面建模、利用人工神经网络建模、集成建模以及分层建模、分段建模、多目标建模等。

最优化数学模型的一般形式为

$$\begin{cases} \min F(X) \quad X=\begin{bmatrix} x_1 & x_2 & \cdots & x_n \end{bmatrix}^{\mathrm{T}} \\ \text{s. t.} \qquad g_u(X)\leqslant 0 \quad (u=1,2,\cdots,p) \\ h_v(X)=0 \quad (v=1,2,\cdots,m<n) \end{cases}$$

式中，X为设计变量；对于设计参数的约束g_u、h_v为约束函数；设计目标$F(X)$为设计变量的函数，称为目标函数。

优化设计的数学模型是对实际问题的特征或本质的抽象，是设计问题的数学表现，反映了设计问题中各主要因素间内在联系的一种数学关系，它是获得正确优化结果的前提，在建立模型时既要使它准确地反映设计问题，又要使它有利于优化计算。优化计算方法的选用是一个比较棘手的问题，因为方法很多，一般在选用时可重点考虑这样两个方面：一是选用适合于模型计算的算法；二是选用已有计算机程序且使用简单和计算稳定的方法。

优化设计工作的一般流程中，最关键的是两个方面的工作：一是将优化设计问题抽象成优化设计数学模型，对结果数据进行合理性分析；二是选用优化计算方法及其程序在计算机上求出这个模型的解。

（二）优化设计的现代机械工程应用

工程设计人员在长期实践中，产生了诸如进化优化、直觉优化和试验探索优化等一些优化方法，而后又在数学规划、价值工程和试验设计等数学方法的基础上产生了近代的优化设计技术，并逐渐发展完善多目标优化、多学科优化以及广义优化等一系列最新的优化技术，使得对工程设计中较复杂的一些大型优化问题的计算有了重要的工具，并在航空航天、汽车和船舶等部门及其一些重大工程设计的应用中取得了较好的效益，同时也促进了优化设计理论的发展，如开发优化方法库、常见机构与零部件优化设计程序库以及结构优化程序库等应用软件库，并结合工程优化的特点，在多目标优化、混合离散变量优化、随机变量优化、模糊优化以及人工智能、神经网络及遗传算法应用于优化等方面都获得了显著的成果，逐步形成以计算机与优化算法为基础的现代优化设计方法。

目前，优化设计已广泛应用到各种工程领域，用于运动方案设计、结构设计、机构及关键零部件尺寸设计和机械加工工艺过程设计等，通过优化设计可在满足性能质量的前提下使质量最轻、轨迹最优，以及在实现功能的基础上使结构最佳，在限定的设备条件下使生产效率最高。

优化设计是从多种方案中选择最佳方案的设计方法，在现代机械工程中应用广泛，主要分为参数优化、尺寸优化、形状优化、拓扑优化、单目标优化、多目标优化以及多学科设计优化。

参数优化是达到设计目标的一种方法，通过将设计目标参数化，采用优化方法，不断地调整设计变量，使得设计结果不断接近参数化的目标值。模型参数优化是通过极小化目标函数使得模型输出和实际观测数据之间达到最佳的拟合程度，由于环境模型本身的复杂性，常规优化算法难以达到参数空间上的全局最优。近年来，随着计算机运算效率的快速提高，直接优化方法得到了进一步开发与广泛应用。

尺寸优化是根据给定的设计目标和约束，确定结构参数的具体值的优化设计方法。

形状优化是根据给定的性能指标和约束条件，确定产品结构的边界形状或者内部几何形状的设计方法。

拓扑优化（Topology Optimization）是一种根据给定的负载情况、约束条件和性能指标，在给定的区域内对材料分布进行优化的数学方法。

按优化目标函数的数量可将优化设计分为单目标优化问题（Single-Objective Optimization Problem, SOP）和多目标优化问题（Multi-Objective Optimization Problem, MOP）。单目标优化是指所评测目标只有一个，只须根据具体的函数条件，求得最值；多目标优化是指存在多个评测函数，而且使用不同的评测函数的解也是不同的。在实际的工程及产品设计问题中，通常有多个设计目标，同时存在多个最大化或是最小化的目标函数，并且这些目标函数并不是相互独立的，也不是相互和谐融洽的，它们之间会存在或多或少的冲突，使得不能同时满足所有的目标函数。实际工程中的多目标优化问题有很多，要使每个目标函数都同时达到最优，一般是不可能的，因此在设计中就需要对不同的设计目标进行不同的处理，以求获得对每一个目标都比较满意的折中方案。

复杂系统一般由多个学科或多个子系统组成，这些学科或子系统之间相互耦合，传统的设计方法很难找到系统的整体最优解，并且设计周期较长。多学科设计优化技术

（Multidisciplinary Design Optimization, MDO）被提出并用于解决大规模复杂工程系统设计过程中多个学科耦合和权衡问题后，成为一种新的设计方法。美国国家航空航天局对MDO的定义是：MDO是一种通过充分探索和利用系统中相互作用的协同机制来设计复杂系统和子系统的方法论。MDO通过充分利用各学科或子系统之间的相互作用产生的协同效应，获得系统的整体最优解，通过并行设计，缩短设计周期，获取系统整体最优性能。由于其考虑学科间的耦合设计，因此更加贴近问题的实质，高保真。

多学科优化设计采用多目标机制平衡学科间影响，探索整体最优解，避免串行重复设计导致的人力、物力和财力的浪费。多学科设计优化技术具有以下特点：

①能以较大的概率收敛为全局最优解；②优化算法按学科（或部件）将复杂系统分解为若干子系统，并且这种分解方式可以与现有工程设计的组织形式吻合；③具有模块化结构，工业界现有的各种学科分析和设计软件工具无须改动或只须很少改动就能在算法中获得利用；④子系统之间有定量的信息交换；⑤各个学科组（子系统）之间可进行并行分析和优化；⑥能充分发挥设计人员在设计优化过程中的能动性。

多学科设计优化研究内容包括：

①面向设计的各个学科分析方法和软件集成；②探索有效的MDO算法，实现并行设计，进而获得系统整体最优解；③MDO分布式计算机网络环境。其中，MDO算法是多学科设计优化领域内最重要，也是最活跃的研究课题。多学科设计优化技术虽然发展时间不长，却已形成了基本完整的理论体系。当前典型的多学科设计优化算法有三种：标准优化方法、同步分析优化方法和分布式并行优化方法。

二、结构优化设计方法

（一）结构优化设计

传统的结构设计，一般是凭借经验和判断做出结构的初始方案，然后完成结构设计，最后通过结构分析、校核计算或试验验证，以校核其工作能力，必要时通过调整结构参数，不断循环以达到理想的设计结果。传统设计的主要不足为：如果重分析和重校核过程过多，会导致设计周期长，并且难以快速找到合理的结构设计，不易做出既经济又安全的理想设计方案。然而，为了适应市场竞争和产品技术发展的要求，产品的开发周期越来越短，复杂程度却越来越高。这就需要通过结构优化缩短开发周期、节约开发成本和提高产品质量，从而提高产品竞争力。结构优化设计是用系统的、有目标的和满足标准的过程与方法逐步替代传统的试验改进的手工方法，寻求最佳或最合理的设计方案过程。

整个结构设计过程中，优化可以贯穿其中，不同阶段的优化对应于结构设计不同层次，分别有不同作用。连续结构优化按照设计变量的类型和求解问题的难易程度可分为尺寸优化、形状优化和拓扑优化三个层次，并分别对应于三个不同的产品设计阶段，即详细设计、基本设计及概念设计三个阶段（有时将基本设计也包含在详细设计中），如图6-1所示。结构优化最理想的目标是用某种方法能同时得到最优的尺寸、形状和拓扑，这也称为结构布局优化。结构布局优化可以理解为包含了前三种优化的主要内容，综合考虑结构件的尺寸、形状和拓扑的优化，既考虑外力的最佳作用位置及分布形式、结构的支撑条件等，也考虑结构单元类型的优化。

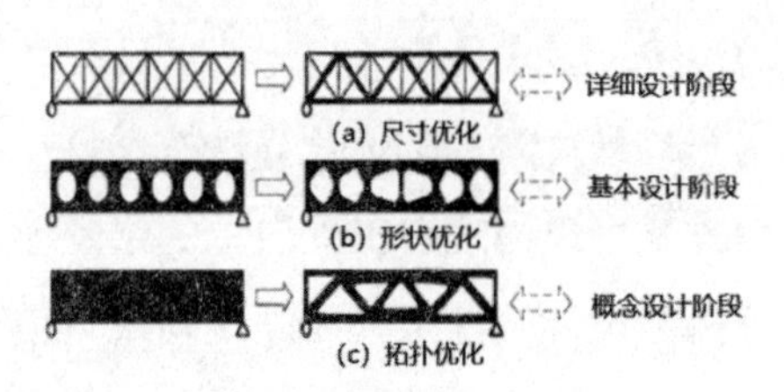

图6-1　结构优化的分类

1.尺寸优化（Sizing Optimization）。保持结构的形状和拓扑结构不变，寻求结构组件的最佳截面尺寸以及最佳材料性能的组合关系。优化变量为桁架杆件截面的最优面积或板的最佳厚度等。其特点是设计变量容易表达，求解理论和方法成熟。

2.形状优化（Shape Optimization）。保持结构的拓扑关系不变，而设计域的形状和边界发生变化，寻求结构最理想的边界和几何形状。优化变量为骨架结构中节点的最优位置或实体结构中结构的边界形状。

3.拓扑优化（Topology Optimization）。在一个确定的连续实体区域内寻求结构非连续区域位置和数量的最佳配置，寻求结构中的构件布局及节点连接方式最优化，使结构能在满足应力、位移等约束条件下，将外载荷传递到结构支撑位置，同时使结构的某种形态指标达到最优。

优化变量：对桁架结构而言就是在给定节点位置情况下，确定杆组结构中各节点的最佳连接关系。对连续体结构而言，不仅要使结构的边界形状发生改变，而且对结构中的空洞个数及形状的分布（位置）也要进行优化。

拓扑优化能够为结构体方案设计提供科学的依据，在概念设计阶段可解决复杂结构及部件的优化问题，可提供灵活的创新优化布局，这对工程领域具有很强的吸引力。运用连续体拓扑优化理论，可以在结构设计的方案（概念设计）阶段迅速、有效地对结构进行构思、比较与选择。所得方案往往概念清晰、定性正确，避免后期设计阶段一些不必要的烦琐运算，具有较好的经济可靠性能。因此，一般的方法是在结构概念设计阶段，采用拓扑优化技术得到结构的基本形状；然后对得到的固定拓扑结构，通过形状和尺寸优化进行详细设计（含基本设计），从而将结构概念设计作为实现产品从需求开始→布局方案设计（主要是概念设计）→详细设计（含基本设计）的过程的中间过渡环节。

结构设计过程中首先是定义概念设计阶段结构的设计原则，即确定基于载荷、先决条件以及可选设计空间内的一个初始设计解（原型结构）。该初始设计在满足设计要求如强度、刚度或频率等约束的基础上，实现优化目标是质量最轻或者成本最优。概念设计阶段可以采用拓扑优化技术得到结构的基本形状，因为拓扑优化能够在给定的可设计空间（区域）内，根据指定的加载和边界条件计算出一个最优的初始设计方案。该方案即可作为一个设计样机，为在满足产品性能的前提下采用尺寸或形状优化改善结构体质量或成本的详细设计过程打下基础。

（二）结构拓扑优化设计

拓扑优化是通过一定的算法使得设计结果在满足约束的前提下派生出一个或一组结构，派生的结构可能在几何形式、单元形式等方面突破了初始结构布局，也就是说拓扑优化中拓扑结构、截面参数以及结构形状都是可变的、可优化的，而只有设计区域和载荷情况是确定的。拓扑优化主要应用于结构概念设计阶段，其主要困难在于：满足一定要求的结构拓扑形式具有很多种，这种拓扑形式难以定量描述或参数化，而需要设计的区域预先未知，大大增加了拓扑优化的求解难度。

产品设计要求是在满足一定应力、刚度及振动等约束条件下，对结构承力件进行有效的轻量化设计（如飞机主承力骨架——加强框等）。加强框的弯剪组合载荷简化情况的拓扑优化结果，如图6-2所示。

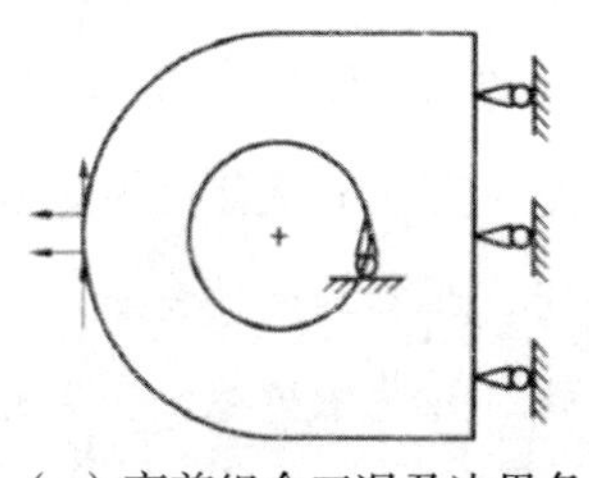

（a）弯剪组合工况及边界条件

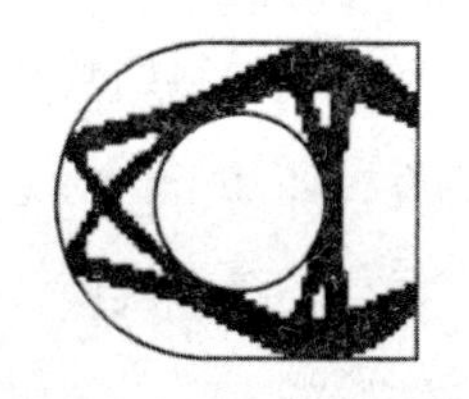

（b）弯剪组合载荷下的优化结果

图6–2　设计区域和拓扑优化设计结果

对于图6-2（a）中情况，首先进行优化问题定义、设定拓扑优化参数及确定边界条件等优化参数设置，其拓扑优化结果如图6-2（b）所示。从加强框在工况载荷下的优化结果来看，获得了较新颖的结构形式，具有清晰的传力路径和很好的对称性，为后续的详细设计提供了一定的指导和理论依据。

拓扑优化方法是有限元分析和优化方法有机结合的新方法，是以一个给定的空间区域为设计区域，依据已知的负载或支撑等约束条件，解决结构材料的组合和分布问题，从而使结构的刚度达到最大或使输出位移、应力等达到规定要求的一种结构设计方法。

拓扑优化的目的是寻求结构的刚度在设计空间最佳的分布形式，或在设计域空间寻求结构最佳的传力路线形式，以优化结构的某些性能或减轻结构的质量。具体是通过一定的算法使得设计结果在满足约束的前提下派生出一个或一组结构，派生的结构可能在几何形式、单元形式等方面突破了初始结构布局，此拓扑优化结果作为概念设计的依据。对于连续体结构，人为引入微结构进行拓扑优化有时得不到清晰明确的结构，需要人为地从中抽取出具体明确的可加工结构来，抽象出的结构与拓扑优化的结果之间，从结构形式到计算模型都有一定的距离，因而有必要进一步地进行形状和尺寸优化。

拓扑优化的研究领域主要分为连续体拓扑优化和离散结构拓扑优化。连续体拓扑优化方法主要有均匀化方法、变密度法、渐进结构优化法（Evolutionary Structural Optimization, ESO）和水平集方法等。离散结构拓扑优化主要是在基结构方法的基础上采用不同的优化策略（算法）进行求解，比如基于遗传算法的拓扑优化等。不论哪个领域，都依赖于有限元方法。连续体拓扑优化是把优化空间的材料离散成有限个单元（壳单元或者体单元）；离散结构拓扑优化是在设计空间内建立一个由有限个梁单元组成的基结构，然后根据算法确定设计空间内单元的去留，保留下来的单元即构成最终的拓扑方案，从而实现拓扑优化。

1. 离散结构拓扑优化

目前，国内对离散结构模型的处理一般有两种方法。一是对基结构法的应用、推广和完善，把拓扑设计变量挂靠于尺寸、形状优化层次上，并利用成熟的优化算法求解拓扑优化问题。该方法易于实现，但可能出现奇异最优解问题。采用基结构法对结构进行优化可以分为线性规划和非线性规划两类方法。二是建立独立的拓扑设计变量，将拓扑优化作为独立的问题来研究，如基于ICM（独立、连续映射变量）方法的优化模型，建立离散变量和连续变量拓扑优化的统一模型。该方法首先建立独立、连续的拓扑变量，使拓扑优化问题成为光滑的数学模型，然后使用行之有效的解法求解，并使用过滤函数来处理连续与离散变量之间的关系。

2. 连续体拓扑优化

连续体结构拓扑优化被公认为结构优化领域中更为困难、更具有挑战性的课题，进展非常缓慢。连续体拓扑优化中常用的拓扑表达描述形式（数学建模方法）有均匀化方法、变密度法（也称为相对密度法、伪密度法）、变厚度法和渐进结构优化方法等。连续体拓扑优化的理论体系结构如图6-3所示。

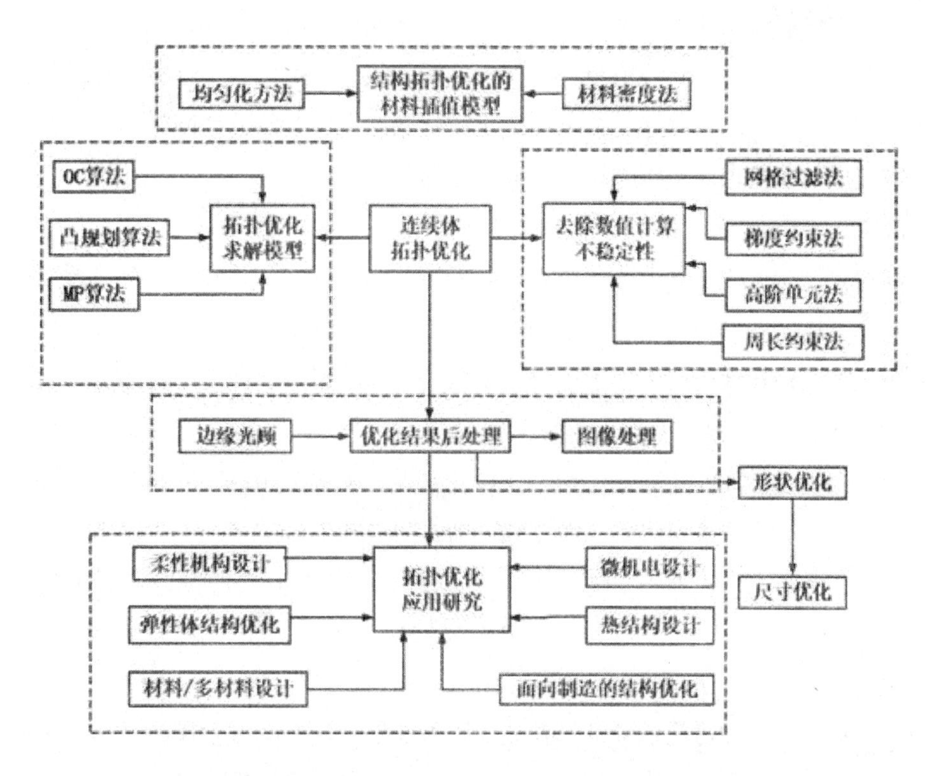

图6-3　连续体拓扑优化的理论体系结构

结构拓扑优化的目的是在一定的外力和约束作用下，寻求具有最佳传力路径的结构布置形式。对于连续体结构的拓扑优化问题，优化的基本方法是：将设计域划分为有限单元，依据一定的算法删除部分区域，形成带孔的连续体，实现连续体的拓扑优化。这是一类基于单元描述的方法，本质上是一种0/1离散变量的组合优化问题。由于数学模型中目标函数与约束函数的不连续性，使得优化问题成为不可微非凸的优化模型。通常的做法是将离散变量的优化问题松弛为一个连续变量的优化问题，将基于连续变量的导数优化算法应用于优化中，用连续设计变量的优化模型代替原来离散变量的设计模型。这样连续设计变量可以取0 ~ 1中间的密度值。

近几十年来，产生了许多拓扑材料插值理论和拓扑结构描述方法，如均匀化方法、密度法材料插值模型、拓扑函数描述法、进化结构优化方法（渐进结构优化方法ESO）和基因优化方法等。其中，均匀化方法和密度法材料插值模型最具有代表性。基于均匀化理论的拓扑优化算法是一种经典优化方法，它在数学和力学理论上最为严密，但其均匀化弹性张量的求解非常复杂，并且微单元的最佳形状和方向难以确定。另外，其计算结果中产生的棋盘格式和多孔材料等数值不稳定现象难以消除，优化结果的工程可制造性较差。均匀化方法目前主要应用于拓扑优化的理论研究方面。密度法材料插值模型在工程研究中得到了广泛重视和研究，这是目前算法上最便于实施，实际工程应用中最有应用前景的一种拓扑结构描述方法。使用该方法虽然不能从理论上证明得到的拓扑优化结果是全局最优解，但其理论简单明了、算法实现简单、有实际应用价值，目前已用于解决宏观线弹性结构拓扑优化问题，如复杂的二维和三维拓扑优化设计问题、MEMS设计问题等，也可用于材料微观结构构成及性能设计、压电材料结构设计等。

3.密度法的基本思想

密度法是结构优化设计中一种比较有效的方法。它假定了一种密度可以改变的材料，并称之为伪密度，同时假定这种材料的宏观属性，如弹性模量、许用应力等与伪密度有着某种非线性关系，在优化过程中通过材料密度的分布情况可以确定材料的分布情况。这种方法将拓扑优化的0/1离散变量的优化问题转化为一个［0，1］之间取值的连续变量优化问题，通常以每个单元的相对密度作为设计变量，人为假定相对密度和材料弹性模量之间的某种对应关系，程序实现简单，计算效率高。

目前连续体拓扑优化中常见的密度插值模型有固体各向同性材料惩罚函数法（Solid Isotropic Material with Penalization，SIMP）材料插值模型、材料属性有理近似函数法（Rational Approximation of Material Properties，RAMP）材料插值模型以及Voigt-Reuss材料插值模型。对于任何优化设计，都要先给出具体优化问题的数学模型。然后根据问题的性质与其中的目标函数、约束函数的信息采用合适的优化算法进行求解。对于变密度思想的拓扑优化问题，一般要进行结构有限元离散化，这样可以很方便地给出结构的各个部分进行属性改变。

4.基于SIMP材料插值方法的结构拓扑优化模型

SIMP插值模型是密度法中一种应用比较广泛的密度插值模型之一。SIMP通过引入惩罚因子对中间密度值进行惩罚，使中间密度值向0/1两端聚集，使连续变量的拓扑优化模型能很好地逼近0/1离散变量的优化模型，这时中间密度单元对应一个很小的弹性模量，对结构刚度矩阵的影响将变得很小，可近似地认为将该单元处的材料删除。基于SIMP材料插值方法的拓扑优化模型能够准确表达现实结构的优化设计过程，其优化模型可广泛应用于各种性质的目标函数和约束条件的场合，如最小柔度问题、最小特征值问题和最小质量问题等。

SIMP方法的思想和前提：①在离散单元内部的材料属性定义为常数，设计变量定义为离散单元的相对密度，用x_i来表达，设原始设计单元密度为ρ_0，优化后单元密度为ρ_e，则存在关系式$\rho_e(x)=x_i\cdot\rho_0$。材料的密度函数$0\leqslant\rho_e(x)\leqslant 1$。②单元材料属性随着单元相对密度的变化而变化，并且是与单元相对密度呈指数变化。设E_0和E分别为单元初始弹性模量和优化后弹性模量，则存在关系式：$E=(x_i)^pE_0$。同样设k_0和k_i分别是结构初始单元刚度矩阵和优化后的单元刚度矩阵，则可推得关系式$k_i=(x_i)^pk_0$。设K_0和K分别为优化前和优化后的结构总刚度矩阵，则可推得关系式$K=(x_i)^pK_0$。p为惩罚权因子，选择惩罚因子的目的：通过设定$p>1$，对中间密度单元项进行惩罚，以尽量减少结构中间密度单元的数目，使结构单元密度尽可能为0/1，从而用连续优化设计方法来近似离散优化设计。

基于SIMP材料插值模型，以结构的整体柔度最小即刚度最大为优化的目标函数，结构的体积为约束条件，则密度-刚度拓扑优化模型为

$$\begin{aligned}&\min C(X)=U^T KU=\sum_{i=1}^{N}u_i^T k_i u_i=\sum_{i=1}^{N}(x_i)^p u_i^T k_0 u_i\\&V(X)=fV_0\\&\text{s.t.}F=KU\quad(0<x_{\min}\leqslant x_i\leqslant x_{\max}\leqslant 1)\end{aligned}$$

式中，目标函数$C(X)$为结构的总柔顺度；F为载荷矩阵；U为位移矩阵；K为整体刚度矩阵；$x=[x_1\ x_2\ \cdots\ x_i]$；$T$为设计变量，$i=1$，2，…，$N$表示单元数；$x_i$为单元设计变量即单元相对密度；$u_i$和$k_0$分别为单元位移矩阵和单元刚度矩阵，其中$u_i$可以通过求解结构有限元平衡方程$F=KU$得到；$V(X)$、$V_0$分别为材料用量和设计域材料总量；$f$为材料用量的比率（体积系数）；$N$为设计变量的数目；$p$为惩罚因子；$x_{\max}$、$x_{\min}$为单元设计变量上、下限，$x_{\max}=1$，为了避免总刚度矩阵奇异，$x_{\min}$通常取$10^{-3}$。设计约束包括体积约束和结构平衡方程约束。在离散的有限元结构中存在：$V(X)=fV_0=\sum_{i}^{N}x_i v_i$。

建立拓扑优化数学模型后，在选用一些优化算法进行求解时，常需要求解目标函数及约束函数的敏度值，则易推得结构总柔顺度$C(X)$的敏度方程为

$$\frac{\partial C(X)}{\partial x_i}=-U^T\frac{\partial K}{\partial x_i}U=-\sum_{i=1}^{N}u_i^T\frac{\partial k_i}{x_i}u_i=-p\cdot x_i^{p-1}\sum_{i=1}^{N}u_i^T k_0 u_i$$

体积约束的敏度方程为

$$\frac{\partial V(X)}{\partial x_i}=\sum_{i=1}^{N}\frac{\partial(x_i v_i)}{x_i}=\sum_{i=1}^{N}v_i=V_i$$

式中，v_i为优化后的单元体积；V_i为优化后的结构体积。

5.基于RAMP材料插值方法的结构拓扑优化模型

RAMP模型是另一种比较常用的密度插值模型，其数学模型形式为

$$E(x)=\frac{x}{1+q(1-x)}\mathrm{E}^0$$

式中，E^0为实体材料的弹性模量；$E(x)$为密度为x的材料和空材料组成的复合材料的弹性模量；q与SIMP模型中的惩罚因子p的作用相似。在相同情况下，两者优化结果也十分相似，但RAMP模式随p值的增大相对SIMP模式优化过程呈现更好的稳定性。

（三）结构形状优化设计

结构形状优化设计就是指在满足约束条件的边界曲面中求出结构最佳几何外形、最

佳截面尺寸或最佳节点位置，使结构平均应力水平最低或所用材料最省。形状优化是结构优化的一个重要研究方向，层次高于传统的尺寸优化，形状优化不仅包括对截面尺寸的优化，还包含了对结构外形的描述。

形状优化研究的主要有两类问题：一类是离散形状优化，此类问题以杆系结构的截面形状的特性尺寸和杆节点坐标为设计变量；另一类是连续体的形状优化问题，这类问题以二维和三维实体几何区域或区域的边界曲面为设计变量。对于离散形状优化设计，由于其设计变量是不同形态的离散和连续的混合变量，使得优化收敛较困难。目前，常用的解决办法是采用分层优化处理技术，将截面尺寸和节点位置优化交替进行。连续体形状优化的设计变量是连续变化的，是所研究问题的控制微分方程的定义区域，属于可动边界问题。连续体形状优化解析求解较困难，一般采用数值方法。

1.结构边界形状的描述

结构形状优化中边界形状的描述不但关系到优化过程中设计变量的选取，还会影响形状优化结果的实际工程应用价值，因此边界描述方法的选择十分重要。通常采用B样条曲线来描述结构的边界，这样便于和工程造型设计相衔接，同时B样条曲线局部性和逼近精度较好。

B样条曲线是由若干样条曲线光滑连接而成的。通常用（$m+n+1$）个顶点$P_i(i=0$，1，2，⋯，$m+n)$定义的（$m+1$）段n次参数曲线表示

$$P_{i,n}(t)=\sum_{k=0}^{n}P_{i+k}F_{k,n}(t)\quad(0\leqslant t\leqslant 1)$$

式中，$F_{k,n}(t)$为n次B样条基函数，其形式为

$$F_{k,n}(t)=\frac{1}{n!}\sum_{j=0}^{n-k}(-1)^j C_{n+1}^j(t+n-k-j)^n\quad(0\leqslant t\leqslant 1,\quad k=0,1,\cdots,n)$$

连接全部曲线段所形成的整条曲线称为n次B样条曲线，由于n次B样条曲线可以达到（$n-1$）阶连续，在实际工程应用中，二阶连续的曲线已能满足工程的需要，所以三次B样条曲线应用广泛。三次B样条曲线的表达式为

$$P(t)=\frac{1}{6}\begin{bmatrix}t^3 & t^2 & t & 1\end{bmatrix}\begin{bmatrix}-1 & 3 & -3 & 1\\ 3 & -6 & 3 & 0\\ -3 & 0 & 3 & 0\\ 1 & 4 & 1 & 0\end{bmatrix}\begin{bmatrix}P_0\\ P_1\\ P_2\\ P_3\end{bmatrix}\quad(0\leqslant t\leqslant 1)$$

2.设计变量

在设计过程中进行选择并最终必须确定的各项独立参数，称为设计变量。在选择过程中它们是变量，但这些变量一旦确定以后，则设计对象完全确定。优化设计就是研究怎样合理地优选这些设计变量值的一种现代设计方法。在结构设计中常用的独立参数有结构的

总体布置尺寸、元件的集合尺寸、材料的力学和物理特性等。在这些参数中，凡是可以根据设计要求事先给定的，则不是设计变量而称为设计常量；只有那些需要在设计过程中优选的参数，才可以看成是优化设计过程中的设计变量。

一般情况下，若有n个设计变量，把第i个设计变量记为x_i，则全部设计变量可用n维向量的形式表示成

$$\boldsymbol{X}=\left[x_1\ x_2\ \cdots\ x_i\ \cdots\ x_n\right]^T$$

在早期的结构形状优化设计中，一般采用边界节点坐标作为形状设计变量。这种方法直观简单，可用参数化优化方法，但它的设计变量数目较多，约束方程数量较多，降低了优化效率，同时在优化过程中难以保证边界节点的协调性。

为减少设计变量数目，提出许多新的结构描述和设计变量提取方法。较为常用的有：使用直线或圆弧来描述结构，以直线和圆弧的特征参数作为设计变量；以描述形状的多项式系数作为设计变量；用样条曲线描述边界形状，以其型值点和顶点作为设计变量。

3. 目标函数

在优化问题中，当设计变量选定以后，则设计对象的基本性能及经济指标也就随之基本确定了，目标函数就是设计中预期要达到的目标。目标函数应表达为各设计变量的函数，即

$$f(X)=f\left(x_1,x_2,\cdots,x_n\right)$$

目标函数与设计变量之间的关系，可用曲线或曲面表示。一个设计变量与一个目标函数之间的函数关系，是二维平面上的一条曲线，如图6-4（a）所示。当有两个设计变量时，目标函数与设计变量的关系是三维空间的一个曲面，如图6-4（b）所示。若有n个设计变量时，则目标函数与n个设计变量间呈（n+1）维空间的超越曲面关系。

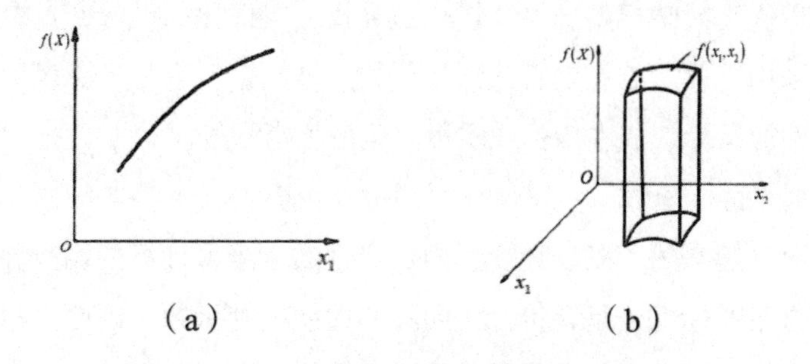

图6-4 目标函数与设计变量之间的关系

结构优化设计的目的通常是寻求具有最小质量、体积或其他的性能指标，如最大刚度（最小位移）、最小应力等。因此，对结构形状优化问题总可以变换归结为求最小值问题，可统一表达为

$$f(X) \to \min$$

另外，对于弹性连续体形状优化问题，可以以弹性体的能量作为其设计性能的评价指标，即优化设计的目标函数。因为系统的总位能可以表示为

$$\varphi = U(u,v,w) - W$$

式中，φ为系统总位能；U、W分别为应变能和外力位能。

根据最小位能原理，此时的目标函数可写成

$$\varphi_0 = \varphi[u(x)] \to \min$$

4.约束条件及数学模型

结构优化设计必须满足一定的限制条件，才能被工程实际所接受。这些限制条件就称为约束条件。在结构形状优化中，诸如和设计变量直接相关的节点坐标上下限等约束称为显式约束，而应力、位移等和设计变量函数关系不明确的约束称为隐式约束，隐式约束是结构形状优化中较难处理的约束。

约束条件可以用数学等式或不等式表示：

$$h_i(X) = 0 \quad (i = 1,2,\cdots,p)$$
$$g_j(X) \leqslant 0 \text{或} g_j(X) \geqslant 0 \quad (j = 1,2,\cdots,m)$$

结构形状优化设计中，根据具体的问题可选择不同的约束条件。

（四）结构尺寸优化设计

形状优化、尺寸优化是设计人员对模型布局、拓扑结构形状有了一定的设计思路后所进行的一种细节设计。其中，尺寸参数优化包括梁的厚度、截面尺寸等优化。

尺寸优化实质是建立尺寸参数为设计变量，结构强度、体积或质量、振动频率为约束函数或目标函数的最优化数学模型。尺寸优化是寻找一组优化的设计变量参数。尺寸优化准则是指产品设计中用于评定方案是否达到最优的一种判据，它是产品设计的某项或几项设计指标，如质量性能指标、成本指标或质量（重量）指标等。

1.尺寸优化准则与目标函数

根据特定目标建立起来的、以设计变量为自变量的一个可计算的函数称为目标函数。由于它是评价设计方案的标准，是评价优化问题的性能准则函数，因此又称为评价函数。优化设计的过程实际上是寻求目标函数最小值或最大值的过程，因为求目标函数的最大值可转换为求负的最小值，故目标函数统一描述为

$$\min F(X) = F\left(x_1, x_2, \cdots, x_n\right)$$

式中，$F(X)$为目标函数；x_1，x_2，$\cdots$，x_n为函数中的自变量；n为变量的个数。

2.尺寸设计变量

对设计性能指标有影响的基本参数称为设计变量。尺寸设计中常用的设计变量包括几何外形尺寸（长、宽、厚等）、截面参数尺寸等。n个设计变量x_1，x_2，…，x_n，可以按一定次序排列，用n维列向量来表示，即

$$\boldsymbol{X}=\left[x_1\ x_2\ \cdots\ x_n\right]^T$$

设计变量个数称为优化问题的维数，它表示设计的自由度。设计变量越多，设计的自由度越大，可供选择的方案越多，设计也更灵活。但是维数越多，优化问题的求解越复杂，难度也随之增加。一般地，将维数$n=2$ ~ 10的优化问题称为小型优化问题，维数n=10 ~ 50的称为中型优化问题，而维数$n>50$时称为大型优化问题。根据设计要求，大多数设计变量是有界的连续量。但有些情况下设计变量取值是跳跃的离散量，如齿轮的齿数、模数，零件的孔数、槽数等。对于离散量，在优化设计中常常先把它视为连续量，在求得连续量的优化结果后进行取整或标准化，得到实用的最优方案。

3.约束条件

约束条件一般分为边界约束和性能约束，它们的存在增加了优化问题的计算量。边界约束条件又称为区域约束条件，是指对设计变量的取值范围的限制，如齿轮优化设计对齿数和模数的限制等。性能约束条件也称为功能约束或状态约束条件，是指对设计中变量的取值要满足某些性能要求。例如，在机械产品尺寸优化设计中，往往需要对零件的强度、稳定性及刚度惯量等提出一些要求。

约束条件按其数学表达形式又可以分为不等式约束和等式约束，写成统一的格式为

$$\begin{cases}g_u(X)\leqslant 0 & (u=1,2,\cdots,p)\\ h_v(X)=0 & (v=1,2,\cdots,m<n)\end{cases}$$

式中，p为不等式约束的个数；m为等式约束的个数。又可以写为

$$\begin{cases}g_i(X)\leqslant 0\text{或}g_i(x)\geqslant 0 & (i=1,2,\cdots,n)\\ h_j(X)=0 & (j=m+1,m+2,\cdots,p)\end{cases}$$

式中，n为不等式约束的个数；p为等式约束的个数。

三、基于制造工艺约束的结构拓扑优化设计

（一）结构拓扑设计的可制造性问题

拓扑优化中优化的结构经常出现的数值计算问题，如多孔问题、棋盘格现象、网格依赖性和局部极值问题。

多孔问题：就是0 ~ 1中间值问题，计算结果出现0 ~ 1之间的中间密度单元。

棋盘格现象：在优化结构的某些区域中设计变量在0和1两者之间周期性变化，类似棋盘状的网格。理论上是一种较优的排列格式，但棋盘格增加了结构形状的提取和制造的难度，一般情况下，此最优解不满足要求。这种现象与优化问题解的存在性以及有限元近似的收敛性相关，是连续问题的解以“弱收敛”方式逼近离散问题的真实解引起的。在密度法中就是因为密度惩罚使单元过刚。

网格依赖性：指当离散设计域的初始单元数目不同时得到不同的优化结果，随着网格剖分初始密度的增加，优化结构中类似杆状部件的数量变多变长，不便于加工制造，并且在受压时会产生失稳。理论上，同样的优化结构，网格细化应当形成更好的有限元模型和更详细的边界描述，不应出现几何关系更复杂的差的优化结构。出现网格依赖性的原因有设计的可行集不闭合、优化解的不存在或不唯一等。这主要包括两个方面：一方面是因为优化过程中目标体积没有变，网格的细化导致对内部结构描述的细化，引入了更多的孔洞，造成数值求解的不稳定；另一方面，网格剖分细化时，会形成不同的局部最优结构。

局部极值问题：指的是优化解收敛于局部极小点，导致同一设计问题选取不同初始值时得到不同的拓扑结构。也就是说，在计算上得不到最优解，或在工程上得不到可行的局部极小值解。许多拓扑设计数学模型不具有凸性，导致优化得到不同的局部极值，即便对一个不变的离散问题，虽然采用一样的算法，当选择不同的初始点和不同参数时，也会得到不同的解。目前，多数整体优化方法不能解决此问题。

可见，上述不稳定现象中，多孔材料和棋盘格现象导致计算结果可制造性差，网格依赖性使计算结果的可靠性减小，局部极值问题导致计算得不到全局最优解或得不到工程可行解。结构拓扑优化SIMP模型虽然能获得0和1中间密度材料和处理好局部极值、多孔问题，但并不能避免在优化结构出现棋盘格现象和网格依赖性问题。

以上制造性问题需要在优化过程中进行针对性限制，以及对优化结构进行再处理，或者采用增材制造的方式。下面将介绍基于制造约束的拓扑优化，以及基于增材制造的拓扑优化。

（二）面向制造的结构拓扑设计关键技术与流程

通过建立基于制造工艺约束的拓扑优化设计模型，实现在结构拓扑设计阶段考虑后期的结构可制造性。通过前面介绍的变密度SIMP方法建立拓扑优化设计的数学模型。通过引入假想连续变密度材料（也称为连续变密度松弛化方法）将0 ~ 1整数优化问题转化为易于求解的连续优化问题，并通过惩罚因子和过滤等方法尽量获得制造性好的结构。可综合应用网格细分技术、制造性差区域的识别和后期图像处理等技术综合提高其可制造性。面向制造的分级拓扑优化设计实现关键技术如下：

1.建立含制造约束的拓扑优化设计数学模型和求解

拓扑优化设计中经常出现数值计算不稳定性现象，通常是导致拓扑优化结果不可制造性的因素之一。在面向制造约束的拓扑优化实现中，建立包含制造工艺约束的拓扑优化设计数学模型是非常重要的。如采用密度法中的SIMP材料插值方法，在拓扑优化设计数学模型中加入制造工艺约束。

求解拓扑优化设计算法主要有优化准则（Optimality Criteria，OC）法和移动渐进线（Method of Moving Asymptotes，MMA）法，其中MMA法适合多约束拓扑优化求解。拓扑优化模型中加入制造工艺约束后，其拓扑优化问题变为一个多约束优化问题。在求解算法上应采用功能更强的MMA法，对拓扑优化数学模型进行求解，该法能够广泛应用于具有制造约束、工程约束的复杂多约束拓扑优化问题的求解。为降低求解难度大多采用的是优化准则法，它用于典型的拓扑优化问题，目标函数为最小化应变能（或频率倒数、加权应变能、加权频率倒数和应变能指标等），约束条件为质量（体积）或质量（体积）分数。

2.混合过滤技术和最小成员尺寸控制法

基于制造工艺约束的拓扑优化计算过程中同样会出现数值不稳定现象，采用密度和敏度混合高斯过滤法能很好地克服棋盘格和网格依赖等不稳定现象，并通过数值算例表明其可行性及正确性，表现出很好的鲁棒性。针对拓扑优化结果的不可制造性，采用分级优化思想，在二级优化中施加最小成员尺寸约束以获得满足后续加工制造要求的优化结果。

3.分级网格细分技术

实际工程设计的关键是从拓扑优化中得到最终设计的可制造性。运用分级优化方法，对结构设计域进行二级或多级网格细分及拓扑优化，按期望简化优化过程中所得的拓扑结构，提高了拓扑优化结果的可制造性，节省了计算时间。具体实现过程如下：对结构设计域进行第一级网格划分并进行拓扑优化，在拓扑优化过程中采用密度和敏度混合高斯过滤法或最小尺寸控制法消除局部的棋盘格现象及网格依赖等，以第一级拓扑优化结果（或所获得的点云数据）作为第二级拓扑优化的几何模型，对结构设计域重新进行细网格划分，并对不可行区域施加制造约束进行第二级拓扑优化，以获得清晰、实用性高的拓扑优化结果。

4.不可行子域提取技术

在分级优化实施的过程中，其关键点之一是如何确定及提取不可行区域边界。针对第一级优化所得到的最优拓扑密度分布图结果中不可行子域的提取，给出如下两种方案：

方案一：采用程序实现自动判断和数据提取。

理想的方法是找到并建立拓扑密度图（二值化）中像素点的值与实际坐标间的对应关系，以便精确确定初次优化拓扑密度图边界。

方案二：采用交互式GUI方式提取边界，交互式提取子域流程。

这种方法提取不可行区域，直观、方便并易于实现，可基于MATLAB图形图像处理技术实现。

5.后处理及模型重构技术

即便消除了数值计算不稳定所带来的对结构可制造性的影响，拓扑优化结果往往在工程上也无法制造。在进行后续优化设计之前往往要对拓扑优化结果进行复杂的几何重构。拓扑优化的结果经过边界光滑技术处理和CAD实体模型重构以后才能转入形状优化和尺寸优化阶段，并为概念设计快速原型制造提供有效的CAD驱动模型。

由于连续体拓扑设计的基本思想是将寻求结构的最优拓扑问题转化为在给定的设计区域内寻求最优材料分布的问题，通过拓扑优化设计分析，设计人员可以全面了解产品的结构和功能特征，更有针对性地对总体结构和具体结构进行设计。

（三）面向制造的分级优化与多工况约束载荷

1.面向制造的分级优化

系统结构拓扑优化模块采用的是分级优化策略，这里给出的是二级策略，可根据问题的复杂性及实际需要扩展到多级。第一级优化为不考虑制造工艺约束问题的拓扑优化；第二级优化即在第一级优化的基础上考虑制造工艺约束问题的拓扑优化。

（1）第一级拓扑优化设计——不受制造工艺约束

在拓扑优化设计过程中，结构拓扑构形的演化可实时显示在第一级拓扑优化设计的主界面中，同时可实时显示对应的每步迭代数据及优化进程条，以实时对优化进程进行控制，并可以对生成的数据进行处理和输出。优化结束后，可以根据优化过程中生成的数据绘制出目标函数随迭代次数的演化历程曲线。

（2）第二级拓扑优化——带制造工艺约束

针对拓扑优化结果的不可制造性问题，在第一级拓扑优化的基础上，考虑后续加工制造的要求，加入制造工艺约束进行第二级拓扑优化，以提高优化结果的工程实用性。

针对不同的制造加工工艺要求，可加入不同的制造工艺约束。

2.多工况优化问题

解决多工况下优化问题常采用权值法、包络函数法等。而数值实验表明按包络法处理多工况并不成功。为了降低多工况下的拓扑优化问题的难度，可以采用统一目标法中的线性加权和法，将多目标函数优化问题处理为单目标函数问题。

为使结构发挥最大的承载能力，优化模型可以各对应工况载荷下的结构刚度最大（柔度最小）为优化目标函数，以结构的整体体积为优化约束条件，没有考虑应力约束是为了避免应力约束在优化过程中可行性突然变化的问题。

（四）面向增材制造技术的结构拓扑优化设计

拓扑优化技术是有效的创新结构构型概念设计方法，然而复杂不规则构型难以通过传统制造技术加工成形，而增材制造技术基于逐层打印的方式可逐层生成任意复杂的零部件。拓扑优化技术和增材制造技术的融合能够有效突破各自的发展瓶颈，可解决复杂构件的加工制造性难题和构型创新设计难题。

1.连通性约束

由于在增材制造结束后需要去除支撑结构和未熔融的材料粉末，因此要求拓扑优化设计出的结构不能含有封闭的内部孔洞。虚拟温度法（Virtual Temperature Method，VTM）可以对此进行处理，其假设结构孔洞是由高热传导性的加热材料填充而成，结构实体为低热传导性材料，进而通过限制结构的最高温度以消除结构中的封闭孔洞。

2.悬空角约束

对于悬空角比较小的大悬挑结构，常须添加支撑结构，以防止增材制造过程中出现结构坍塌。支撑结构的引入，不仅造成打印成本和时间的增加，还在后期去除时带来工艺难度和表面精度不够等问题。为减少支撑结构，所采取的方法包括通过对打印方向、支撑结构总长度进行优化，得到树枝状支撑结构等。上述方法难以消除支撑结构，因此仍须对打印出的结构进行后处理。

3.自支撑结构（Self-Supporting Structure）

自支撑结构采用支撑结构约束结构的最大悬空角。国内学者研究了基于移动可变形组件（Moving Morphable Components，MMC）和移动可变形孔洞（Moving Morphable Void，MMV）方法，实现了考虑悬空角约束的自支撑结构拓扑优化设计。此外，也有研究将可变的多边形孔洞作为拓扑优化设计基元，使悬空角约束的施加更加方便直观，并且通过消除V形区域，以允许多边形孔洞之间的自由交并，有效增大了优化设计空间。

增材制造工艺约束（悬空角约束和连通性约束等）已经被成功施加在结构拓扑优化设计中，形成了面向增材制造需求的拓扑优化技术。

增材制造技术的加工制造空间并不是完全自由的，如选择性激光熔化（Selective Laser Melting，SLM）增材制造技术会产生未熔融的材料粉末，因而不适宜打印含有封闭孔洞的结构。此外，为避免结构的悬空部分在逐层打印过程中发生坍塌现象，在设计阶段需要引入额外的支撑结构。这些支撑结构不但增加了材料成本和时间成本，而且在去除的过程中难免会影响零部件的表面质量。

四、结构优化设计应用

（一）基于结构拓扑优化的计算机辅助结构概念设计应用

结构设计就是不断建立各种计算和分析模型，不断进行综合和分析，反复地建立和评价模型的过程。结构设计的内容大致可分为两类：一类是关于大量的计算、分析、绘图、编写说明书和填写各种表格的工作，另一类主要是方案设计工作。在设计方法学中，前者称之为详细设计，后者称之为概念设计。概念设计是进行满足功能和结构要求的工作原理求解和实现工作原理载体方案的构思与系统化设计。概念设计是个创造性过程，主要包括功能设计和结构设计两大部分。其作用主要体现在产品设计的早期阶段，根据产品功能的需求而萌发出来的原始构思和判断形成产品的初始设计构思，完成整体布局和外形初步设计。然后进行评估和优化，确定整体设计方案。再把设计构思落实到具体设计中去，实现详细设计。由上可知，运用概念设计的思想，使得结构设计的思路得到了拓宽。结构概念设计是概念设计最后阶段，是对结构的初步设计（拓扑关系设计）。

结构概念设计一般依据整体结构体系与分体系之间的力学关系、试验和工程经验所获得的基本设计原则和设计思想，从整体的角度来确定结构的总体布置和宏观控制。在概念设计领域，计算机辅助概念设计（Computer Aided Conceptual Design，CACD）的研究已逐步深入。计算机辅助概念设计关键技术是产品信息建模和推理技术，可以说结构拓扑关系优化是确定布局初始结构和形状的关键，并可以看作是结构概念设计阶段中一个独特的推理技术。

拓扑优化的结果主要是作为概念设计阶段的参考，局部应力约束和稳定性约束等一般可通过后续的详细设计来考虑，因为结构的拓扑最优并不能保证优化结构中各部件的尺寸或形状一定最优。可见，拓扑优化设计是CAD/CAE集成动态设计的过程。由于拓扑优化形成锯齿样的非光滑过渡的近似边界，一般须通过边界光顺技术，并经参数化处理重构后才能变成CAD模型，为转入形状优化和尺寸优化阶段提供基础方案。

计算机辅助概念设计体系结构大致包括五个模块：顾客需求信息提取与分析模块、功能设计模块、功构映射模块、结构设计模块和设计结果评估模块。由结构映射机构方案确定零部件结构概念设计，一是由需求、功能分析和结构映射得到结构的设计区域，在此基础上进行结构布局设计中的第一阶段设计，即拓扑结构设计，通过拓扑优化确定拓扑形状；二是确定如何将功能描述转化为实现这些功能的具体形状、尺寸及相互关系的零部件的描述，即进行面向功能的结构设计。基于三维实体结构优化的计算机辅助结构概念设计系统作为计算机辅助概念设计体系中的一部分。结构概念设计模块中拓扑优化部分是连接需求分析、功能设计到结构详细设计的桥梁，是布局优化设计中结构形状和尺寸优化设计阶段的基础，是一种特殊的实现概念设计的推理技术。可见，结构概念设计是CAD/CAE和拓扑优化集成的动态设计过程。基于三维实体结构优化的计算机辅助结构概念设计主要完成计算机辅助概念设计中结构设计和评价的功能，数据主要来源于前面的需求和功能分析，数据输出为后面零部件详细设计提供设计原型。

采用集成的思想来实现结构拓扑优化设计流程。以CAD造型平台和CAE有限元分析平台为基础，采用拓扑优化理论建立数学模型，并应用寻优算法进行数学模型的求解，运用CAD/CAE集成与拓扑优化方法相结合的技术途径来完成整个结构拓扑优化集成流程。此外，拓扑优化只能得到一个近似的结构拓扑密度分布，其结果中含有非光滑的锯齿状跳跃边界。一般须通过边界光滑技术参数化处理后才能变成CAD系统可以识别的模型，CAD系统对边界光滑处理以后的模型进行重构，接着转入形状优化和尺寸优化的详细设计阶段。其基本过程是：用图像处理技巧对拓扑优化结果进行提取和近似处理，用*B*样条曲线（曲面）对拓扑优化结果进行重构，到CAD系统里进行曲线拟合，重构得到CAD模型，为随后进行形状优化和尺寸优化做准备。

（二）舵叶加工机床床身的结构优化设计案例

舵叶加工机床的加工对象是单桨单舵型船的大型半悬挂舵，舵装置由舵叶、舵销、舵销螺母及套、舵杆、舵柄、连接键等组成。此类型舵的制造周期长，制造技术难度大，安装调试工期长。比如，安装在174 000t的油船的舵叶的外形复杂，体积巨大，长达10 m，高达1.5m，单件质量在50t左右，按加工工艺要求零件表面加工部位多（如舵叶的舵销锥孔、法兰表面及连接孔等），并且加工的精度要求高。传统的制造工艺主要是钳工研配，导致劳动强度大、工时长，并且精度和质量难以保证。为了克服传统制造方法的缺点，提高加工质量、减少工时，采用新工艺并设计一台舵叶加工机床和一个镇锥孔的工艺。新的加工工艺大大缩短了工时和制造成本，而且无须采用传统加工舵叶法兰面及连接孔时采用的刮削、打磨和试配等高强度手工劳动，同时保证了较高精度和制造质量。

1.舵叶加工机床设计原理和加工方法

舵叶加工机床主要用来加工舵装置法兰表面及连接孔，设计原理为铣头箱通过拖板带动实现横向进给，选用盘铣刀铣削法兰连接面，通过铣头箱的纵向进给运动镗削加工连接孔。舵装置装夹布置图如图6-5所示。

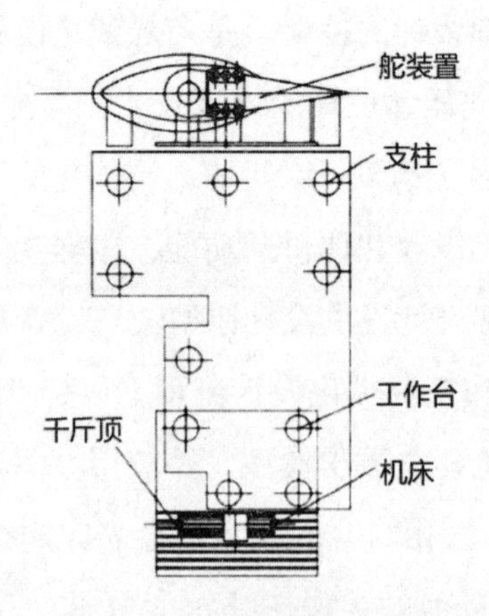

图6–5　舵装置装夹布置图

如图6-5所示，机床与舵安装于同一个平台，通过画线调整及专用夹紧、固定装置将舵叶固定，保证轴线平行于平台，法兰面垂直于平台。工作台的每个支柱上都带有地脚顶丝，通过调节机床中心高，保证机床轴线（导轨）与舵叶孔轴线的平行度，以及保证法兰孔轴线与舵叶孔轴线的同轴度。通过千斤顶调节机床与工作台之间的位置，保证机床导轨面与舵叶法兰面的平行度，以及保证法兰面与舵叶孔轴线的垂直度。该机床亦可用于其他大型结构件内孔及法兰面的加工，具有一定的实用和推广价值。

2.舵叶加工机床总体设计方案

该机床是加工舵叶（舵装置）法兰面及连接螺纹孔的专用镗铣床，经过功能分析和功构关系映射得到机床总体设计方案如图6-6所示。图6-6中机床床身采用车床床身改装，机床外观类似于龙门铣床，切削功能为铣削和镗削。

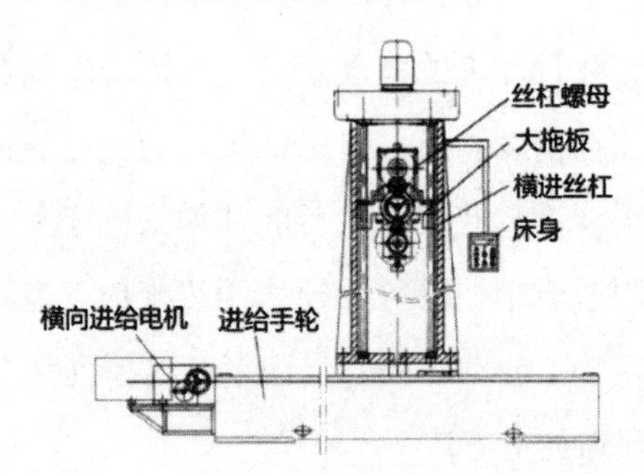

图6–6　舵叶加工机床设计方案示意图

3.舵叶加工机床升降台的拓扑优化设计

舵叶加工机床是专机设计，并且机床高达4m，被加工的舵叶连接法兰面和锥孔对加工要求高，并且对机床加工精度和刚度都要求高。但是现在又没有试验样机的运行数据作为改进的依据，因此通过计算机辅助工程分析和结构优化作为手段来弥补没有试验数据的不足。设计方案（见图6-7）中采用两个配重，原因是丝杠带动主轴箱和升降台上下运动过程中，由于这两个组件质量太重，易导致丝杠磨损严重。此外，带动主轴箱升降运动的升降台，要求在满足体积约束的情况下刚度要好，并且为了提高运动精度必须减轻质量，因此在升降台概念设计阶段运用有限元分析和拓扑优化来解决这一矛盾。

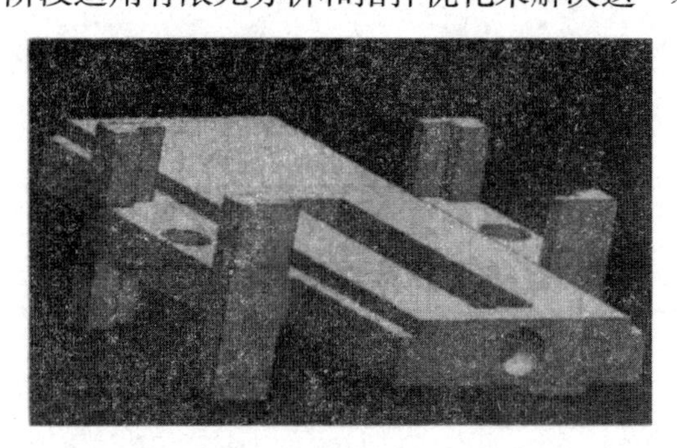

图6–7　设计区域的CAD造型

舵叶加工机床升降台的拓扑优化设计目标函数是以刚度作为最大值（最小柔顺度），因为对于机床设计本身刚度是机床加工精度的重要保证，因此该实例将刚度作为目标函数，以体积约束作为约束条件（50%的体积约束）。设计变量是有限元单元的相对密度。对结构分析和优化参数进行预设置。

分析中建立的有限元和优化模型是按照工程实际中机床结构的受力状态进行简化的，所优化的材料分布结果，其结构形式按照最大刚度的要求，结构形式较合理，这对后面机床详细设计提供了指导。并可以看出算法较稳定、有效，能够满足工程上概念设计的需要。可见，在现代机床发展趋势中，机床高速化和精密化要求机床的结构简化和轻量化，以减少机床部件运动惯量对加工精度的负面影响，大幅度提高机床的动态性能。借助有限元分析对机床构件进行拓扑优化，设计“箱中箱”结构，可以大大提高机床产品的性能。

第二节　启发式优化设计方法及其应用

一、现代启发式优化设计概述

机械结构优化设计是指在给定约束条件下，按某一性能指标，比如质量最轻、成本最低、刚度最大等求出最好的设计方案，因此，优化设计过程通常可以转化为组合优化问题，而复杂机械机构优化问题大多属于高维、非凸、带隐式不等式约束的非线性规划问题，能否从多个局部最优解中获得全局最优解决定了结构优化效果。

组合优化问题求解通常包括精确优化算法和启发式优化算法。随着组合优化问题规模的扩大，精确优化算法很难在可接受时间内给出最优解，因此启发式优化算法被广泛使用。

启发式优化是通过对过去经验信息的归纳以及实验分析来求解问题，其发展大致分为两个阶段：传统启发式优化，其中典型代表有A*算法、禁忌算法等，但通常只能获得局部极小值；随着优化规模的增加，尤其是计算机性能的提升，模拟自然现象的智能优化算法不断出现，通常称之为现代启发式搜索算法，比如遗传优化算法、粒子群优化算法和免疫优化算法等，并且在大量组合优化问题求解中崭露头角。但各优化算法的形成机制及优缺点有所差异，主要现代启发式优化算法比较见表6-1。

表6-1 主要现代启发式优化算法比较

算法	形成机制	优点	不足
遗传优化算法	基于达尔文进化论以及孟德尔遗传学说而提出	①具有全局搜索能力；②具有分布式并行优化能力；③具有可扩展性，容易与其他算法融合	①对初始种群的选择具有依赖性；②实数编码相对二进制编码复杂；③算法容易陷入早熟；④算法参数比较多，对算法性能影响比较明显
粒子群优化算法	基于鸟群捕食行为而提出	①具有全局搜索能力；②具有分布式并行优化能力；③收敛速度快；④具有记忆性	①算法优化效率对初始粒子选择依赖性强；②算法局部寻优能力比较弱；③二进制编码相对实数编码复杂；④基本算法优化能力弱
免疫优化算法	基于生物免疫原理而提出	①具有全局搜索能力；②具有分布式并行优化能力；③具有免疫记忆功能；④变形的免疫优化算法种类繁多	①算法容易陷入早熟；②概率性迭代搜索，计算量大；③与遗传算法类似，二进制编码相对实数编码容易；④算法参数选取对算法性能影响比较明显

由表6-1可以看出，目前现代启发式优化算法普遍具有全局优化、并行搜索的能力，但由于是概率性迭代搜索，因此存在计算量大的不足，且容易陷入极小而出现早熟的问题。如何提高现代启发式优化算法的优化效率和优化能力，一直是国内外学者的努力方向，这直接决定了目标对象的最终优化效果，尤其对于非确定性多项式（Nondeterministic Polynomiall，NP）等难解问题显得尤为重要。

二、常用现代启发式优化算法

（一）遗传优化算法

1.遗传优化问题的描述

遗传算法主要是根据大自然中生物进化理论和遗传学机理提出的一种种群搜索优化

方法。遗传优化是将优化搜索空间映射为生物遗传空间，将设计变量映射为遗传染色体即个体，所有个体组成遗传种群，并根据适应度大小对每个个体进行评价，通过对种群进行选择、交叉和变异等遗传操作，将适应度大的个体保存下来，反之适应度小的个体则被淘汰。经过这样反复迭代，使遗传种群向更优个体方向进化，直到求出最优个体为止。

2.遗传优化主要算子

遗传优化算法主要包括选择、交叉和变异三个主要算子。

（1）选择

选择主要模拟生物界的适者生存原则，根据种群个体的优劣程度进行下一代种群个体选择，适应度强的个体会被大概率选中，反之可能会被淘汰。假设$f(a_i)$为个体a_i的适应度值，则该个体被选中的概率为

$$P_i=\frac{f\left(a_i\right)}{\sum_{i=1}^{n} f\left(a_i\right)}$$

式中，P_i为第i个个体被选中概率；n为种群大小。

（2）交叉

交叉主要模拟了自然界生物进化过程中的繁殖现象，通过两个染色体的交换组合，来产生新一代优良个体，新个体体现了父辈个体的特性。交叉是一种概率性操作，个体间是否发生交叉，由交叉概率P_c决定。交叉方式包括单点交叉和多点交叉等。

（3）变异

变异主要是模拟自然界生物由于偶然因素而引起的基因突变，具体操作是以很小的概率随机地改变个体遗传基因的值。以个体二进制编码为例，主要是将个体某一位由1变为0或由0变为1。在染色体以二进制为编码的系统中，它随机地将染色体的某一个基因由1变为0或由0变为1。个体是否发生变异，由变异概率P_m决定。

3.遗传优化算法流程

根据遗传算法原理，遗传优化算法包括了参数初始化、产生初始种群、选择操作、交叉操作、变异操作以及终止判断等。

（二）免疫克隆优化算法

1.免疫克隆优化问题的描述

生物免疫系统是一种高度并行的自适应系统，能识别和排除抗原性异物，具有学习、记忆和模式识别功能，为解决工程问题提供了许多启示和借鉴。目前被普遍接受的免疫理论有：Burnet的克隆选择以及Jerne的独特型网络假设。前者认为，当抗原侵入机体后，免疫系统能产生识别和消灭相应抗原的抗体，并借助克隆（无性繁殖）、分化和增殖来完

成免疫应答，达到消灭抗原的目的。免疫克隆优化算法即是在该理论基础上发展起来的，包括如下操作。

不失一般性，以$x=[x_1\ x_2\ \cdots\ x_m]T$为变量，考虑如下优化模型：

$$\min_{x\in R^m} f(\boldsymbol{x})=\min f\left(e^{-1}(a)\right)$$

式中，f为目标函数；a为变量x的抗体编码，且采用二进制编码；$e^{-1}(\cdot)$为解码方式。

2. 免疫克隆优化主要算子

免疫克隆优化主要算子包括克隆、免疫基因和克隆选择三个操作算子。

（1）克隆操作T_c^c

克隆主要是借鉴无性繁殖进行个体复制，已知第k代n维抗体种群$A(k)=[a_1(k)\ a_2(k)\ \cdots a_n(k)]^T$，克隆操作定义如下：

$$\boldsymbol{A}'(k)=\boldsymbol{T}_c^c(\boldsymbol{A}(k))=\left[\boldsymbol{A}_1'(k)\ \ \boldsymbol{A}_2'(k)\ \cdots\ \boldsymbol{A}_n'(k)\right]^T$$

$\forall i\in[1,n], A_i'(k)=T_c\left(a_i(k)\right)=\boldsymbol{I}_i\times a_i(k)=\left[a_{i1}(k)\ \ a_{i2}(k)\ \cdots\ a_{id_i}(k)\right]^T$，$\boldsymbol{I}_i$为$d_i$维行向量，$\forall j\in\left[1,d_i\right], a_{ij}=a_i(k)$。一般取

$$d_i=\operatorname{Int}\left(N\times\frac{f\left(\mathrm{e}^{-1}\left(a_i(k)\right)\right)}{\sum_{j=1}^{m} f\left(\mathrm{e}^{-1}\left(a_j(k)\right)\right)}\right)$$

式中，$\operatorname{Int}(\cdot)$为上取整函数；$N$为克隆设定值，$N>n$。

（2）免疫基因操作T_c^g

免疫理论认为，亲和度成熟和抗体多样性的产生主要依靠抗体变异，而非抗体交叉或重组。克隆只对克隆体操作，变异操作主要是依给定概率P_m对$A'(k)$进行按位变异，变异操作可描述如下：

$$\boldsymbol{A}''(k)=\boldsymbol{T}_c^g\left(\boldsymbol{A}'(k)\right)=\left[\boldsymbol{A}_1''(k)\ \ \boldsymbol{A}_2''(k)\ \cdots\ \boldsymbol{A}_n''(k)\right]^T$$

$\forall i\in[1,n]$，$j\in\left[1,d_i\right]$ $a_{ij}'(k)=\tilde{a}_{ij}(k)^{Int(rand\times l)}$，$a_{ij}'(k)\in A_i'$，$l$为$a_{ij}(k)$的编码长度，$\tilde{a}_{ij}(k)^{Int(rand\times l)}$表示的$\operatorname{Int}(\text{rand}\times l)$位依概率$P_m$取反。

（3）克隆选择操作T_c^s

克隆选择主要是在免疫基因操作之后，根据抗原与抗体的亲和度大小来进行最优抗体选择。

$$\boldsymbol{A}(k+1)=\boldsymbol{T}_c^s\left(\boldsymbol{A}''(k)\right)=\left[a_1(k+1)\ \ a_2(k+1)\ \cdots\ a_n(k+1)\right]^T$$

$$\forall i\in[1,n],\quad a_i(k+1)=\max\left\{F\left(e^{-1}\left(a_{ij}'(k)\cup a_i(k)\right)\right) \mid j=1,2,\cdots,d_i\right\}$$

3.免疫克隆优化算法流程

根据免疫克隆优化算法原理，免疫克隆优化算法流程包括了抗原识别、参数初始化、产生初始抗体、克隆操作、免疫基因操作、克隆选择操作以及终止判断等。

（三）粒子群优化算法

1.粒子群优化问题的描述

粒子群优化算法是通过模拟鸟群觅食行为而发展起来的一种概率性搜索的群体协作算法。

2.粒子群优化算法原理

粒子群优化算法将每个个体看作n维搜索空间一个没有质量和体积的粒子，并以一定速度飞行。飞行速度根据个体和群体的飞行经验进行调整。假设在一个D维的搜索空间中有m个粒子。设第i个粒子的位置为$x_i=(x_{i1}, x_{i2}, \cdots, x_{iD})$，速度为$v_i=(v_{i1}, v_{i2}, \cdots, v_{iD})(i=1, 2, \cdots, m)$。第$i$个粒子所经历的最好位置记为$p_i=(p_{i1}, p_{i2}, \cdots, p_{iD})$。记$p_g=(p_{g1}, p_{g2}, \cdots, p_{gD})$为全局最优解，则第$i$个粒子的位置和速度根据以下方程变化：

$$
\begin{aligned}
v_{id}^{t+1} &= wv_{id}^{t}+c_1r_1\left(p_{id}^{t}-x_{id}^{t}\right)+c_2r_2\left(p_{gd}^{t}-x_{id}^{t}\right)\\
x_{id}^{t+1} &= x_{id}^{t}+v_{id}^{t+1}
\end{aligned}
$$

式中，d=1，2，…，D；v_{id}^{t}、x_{id}^{t}分别为进化到第t代时粒子的速度与位置；v_{id}^{t+1}、x_{id}^{t}为更新后的第（t+1）代粒子的速度和位置；c_1和c_2为加速系数，通常取0 ~ 2；r_1和r_2为两个在［0，1］之间变化的随机数；w为惯性权值。

3.粒子群优化算法流程

根据粒子群优化算法原理，粒子群优化算法流程包括了参数初始化、产生初始粒子群、更新粒子位置和速度以及终止判断等。

三、圆锥齿轮传动遗传优化设计

齿轮传动优化设计是指在给定的载荷或环境条件下，在齿轮的形态、几何尺寸等因素约束范围内，选取设计变量、建立目标函数并使其获得最优值的设计。由于齿轮传动设计变量包含连续变量和离散变量，而传统齿轮设计多采用手工计算，因此设计复杂烦琐，浪费人力、物力和财力，而且容易出现差错。随着齿轮传动向高速、大功率、高性能方向发展，对齿轮传动提出了高精度、高可靠性、低成本等新要求。为此，利用具有全局分布式优化性能的遗传算法，在建立齿轮优化模型基础上进行优化设计，无疑可以提高齿轮优化的效率和效果。

（一）圆锥齿轮传动遗传优化模型的建立

1. 目标函数的建立

直齿圆锥齿轮的优化设计可建立各种各样的单目标函数和多目标函数，以大小直齿圆锥齿轮的分度圆台体积之和为目标函数，可建立如下数学模型进行优化设计：

$$f(x)=\frac{\pi}{8}u(1+u)m^3z_1^3\varphi_R\left(1-\varphi_R+\frac{\varphi_R^2}{3}\right)$$

式中，u为齿数比；m为大端模数；z_1为小齿轮齿数；φ_R为齿宽系数。

2. 设计变量的建立

由于大小齿轮的齿数比u是已知的设计条件，故由式$f(x)=\frac{\pi}{8}u(1+u)m^3z_1^3\varphi_R\left(1-\varphi_R+\frac{\varphi_R^2}{3}\right)$可确定设计变量为

$$\boldsymbol{x}=\begin{bmatrix}x_1 & x_2 & x_3\end{bmatrix}^T=\begin{bmatrix}m & z_1 & \varphi_R\end{bmatrix}^T$$

3. 约束条件的建立

直齿圆锥齿轮设计中的约束条件包括边界约束条件和强度约束条件，分别为：

边界约束条件

$$\begin{cases}g_1(\boldsymbol{x})=x_1-1.5\geqslant 0\\ g_2(\boldsymbol{x})=4-x_1\geqslant 0\\ g_3(\boldsymbol{x})=x_2-17\geqslant 0\\ g_4(\boldsymbol{x})=40-x_1\geqslant 0\\ g_5(\boldsymbol{x})=x_3-0.2\geqslant 0\\ g_6(\boldsymbol{x})=0.3-x_1\geqslant 0\end{cases}$$

强度约束条件

$$\begin{cases}g_7=[\sigma_H]-\sigma_H\geqslant 0\\ g_8=[\sigma_F]_1-\sigma_{F1}\geqslant 0\\ g_9=[\sigma_F]_2-\sigma_{F2}\geqslant 0\end{cases}$$

式中，σ_H为齿面接触应力；$\sigma_{Fi}(i=1,2)$为齿根弯曲应力。

综上所述，直齿圆锥齿轮传动优化设计数学模型可描述为：$x=[x_1\ x_2\ x_3]^T$，$\min f(x)$，$g_j(x)\geqslant 0\left(j\in[1,9]\right)$。

（二）基于 RBF 网络的复合齿形系数关系曲线映射

在进行直齿圆锥齿轮优化设计的过程中，需要不断查找复合齿形系数关系曲线。要在优化设计中将曲线实现程序序列化是非常复杂的，为此，引入了径向基（Radial Basis

Function，RBF）网络实现上述关系曲线的映射。

RBF网络是一种三层前向神经网络。

隐层节点主要采用具有辐射状作用的高斯函数构成，该函数的表达式如下：

$$h_i(x)=\exp\left[-\frac{x-c_j^{\ 2}}{2b_j^2}\right]\quad (j=1,2,\cdots,m)$$

式中，x为网络输入向量，对应为齿数z；c_j为基函数中心；b_j为基函数围绕中心点的宽度。设w_j为输出神经元与隐层神经元之间的权值，则RBF网络的输出如下式，对应为齿形系数Y_{PS}。

$$y=\sum_{j=1}^{m}w_j h_j(\boldsymbol{x})$$

RBF网络学习一般分两步进行：①确定RBF网络中心c_j；②确定隐层和输出层权值w_j。而网络基宽采用固定法。由于网络输出只有一个变量，因此，RBF网络学习算法只针对单输出变量。

中心c_j的确定主要采用为——均值聚类算法，算法步骤如下：

①从输入样本工x(k)($k=1, 2, \cdots, P$)中任意选择m组数据作为初始网络中心$c_j(0)$($j=1, 2, m$)。

②计算每个输入样本$x(k)$与各个聚类中心c_j(t)之间的距离：

$$d_j(k)=x(k)-c_j(t)$$

③将输入样本$x(k)$归为距离最小的那个聚类中心的一组。

④计算$\varepsilon(t)=c_j(t)-c_j(t-1)$。若$\varepsilon(t)$小于给定的数值，则网络中心确定完毕；否则转步骤②。

权值W主要采用有监督学习以及最小二乘法（Least Mean Square，LMS）获得。设共获得P组网络学习输入、输出样本$x(k)$、$R(k)$，网络实际输出为$Y(k)$，$k\in[1,P]$。定义误差函数

$$E=\sum_{k=1}^{P}E_k=\sum_{k=1}^{P}\frac{1}{2}R(k)-Y(k)_2^2$$

权值获取算法步骤如下：

①权值初始化叫$w_j(0)$。

②隐层单元输出：$U_j(k)=h_j\left(x(k)-c_j\right), j=1,2,\cdots,m$。

③输出单元输出：$Y(k)=\sum_{j=1}^{m}w_j U_j(k)$。

④调整网络权值：

$$w_j(k+1)=w_j(k)-\eta\frac{\partial E}{\partial w_j}=w_j(k)+\eta\sum_{k=1}^{P}(\square R(k)-Y(k)\square U(k))$$

式中，$\eta=a/\sum_{k=1}^{P}\square U(k)\square_2^2, 0<a<2$。

⑤计算累计误差：$E=\sum_{k=1}^{P}E_k$，若$E<\delta$，则终止计算，否则转步骤②。

（三）遗传优化设计

1.编码方式

由于齿轮设计中待寻优参数仅三个，分别为m、z_1、φ_R，因此编码方式采用简单的二进制编码。模数为离散变量，根据边界约束条件，模数可取11，因此用长度为4位的二进制编码，产生的5个多余码采取重复填入许用标准模数值处理。齿数同样为离散变量，采用5位的二进制编码，多余码处理方式同模数。齿宽系数φ_R为连续变量，采用二进制编码，精度取为10^{-6}。

2.适应度函数的确定

齿轮参数寻优的目标函数为式$G=\frac{1}{f(X)}$。由于目标函数为齿轮设计体积最小问题，而遗传算法中的适应度函数通常为最大化问题，因此定义适应度函数为

$$G=\frac{1}{f(X)}$$

3.选择

选择主要是使群体中较好的个体（m、z_1、φ_R）在下一代中有较高的存活概率。研究中个体选择概率通过标准几何排序算法获得，个体选择采用轮盘赌方法，选择概率设为0.08。

4.自适应交叉操作

交叉率的大小决定了新个体产生的速度，交叉率越大，旧个体的模式越容易被破坏，新个体产生的速度就越快。过小的交叉率会延缓新个体的产生，导致算法早熟，停滞不前。交叉率的选择应根据个体的适应度而定，因此交叉概率函数定义如下：

$$P_c=\begin{cases}P_{c1}\dfrac{(P_{c1}-P_{c2})(f'-f_{avg})}{f_{max}-f_{avg}} & (f'\geqslant f_{avg})\\ P_{c1} & (f'<f_{avg})\end{cases}$$

式中，f_{avg}为每代群体的平均适应度；f_{max}为每代群体中最大适应度；f'为要交叉的两个个体中较大的适应度；P_{c1}和P_{c2}分别取0.9和0.6。

遗传算法中交叉方式采用变量匹配多点交叉法，即将个体参数（m、z_1、φ_R）做对应变量的多点交叉。

5. 自适应变异操作

变异率过小，不易产生新的模式结构，而变异率过大，会使遗传算法成为纯粹的随机搜索算法。变异率的选取也应根据个体的适应度值而定，因此变异概率函数定义如下：

$$P_m=\begin{cases}P_{ml}\dfrac{(P_{m1}-P_{m2})(f'-f_{avg})}{f_{max}-f_{avg}} & (f'\geqslant f_{avg})\\ P_{m1} & (f'<f_{avg})\end{cases}$$

式中f_{avg}、f_{max}定义同上；f'为待变异个体适应度；P_{ml}和P_{m2}分别取0.1.0、001。

6. 算法终止条件

在直齿圆锥齿轮遗传优化过程中，当算法满足下列条件之一：①达到设定的循环次数；②连续几代优化解没有改善，则算法优化结束。

四、机械手免疫克隆优化设计

机械手作为工业机器人研究的一个重要分支，对推进现代化工业进程起着至关重要的作用。它通常是按照规划轨迹来完成工件的抓取、夹紧和搬运等动作。在已知运动空间和工作负载条件下，不同的结构尺寸将会导致整个机械手系统的能耗与动力性能差异。为了减少搬运中机械手关节的无谓运动，提高整个系统的运行效率，进行结构优化设计一直是机械手研究中的焦点。平动式轻型装卸机的机械手是轻工行业物品搬运和装卸的常用设备，机械手结构运动示意图如图6-8所示。

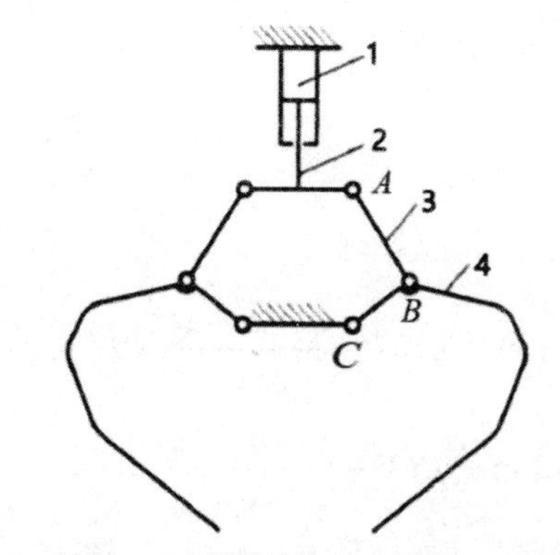

1—油缸；2—活塞杆；3—连杆；4—摆杆

图6-8　机械手结构运动示意图

通过油缸1上下腔进油来实现活塞杆2运动，进而带动连杆3和摆杆4，完成货物的抓取和释放。因此，机械手需要有足够夹紧力和一定的开闭角，此外，长时间与货物接触容易磨损，因此进行结构优化设计非常必要。

（一）机械手爪优化模型的建立

为了对装卸机的机械手进行机构尺寸优化，先把图6-8转化为图6-9所示的机械手结构运动简图。

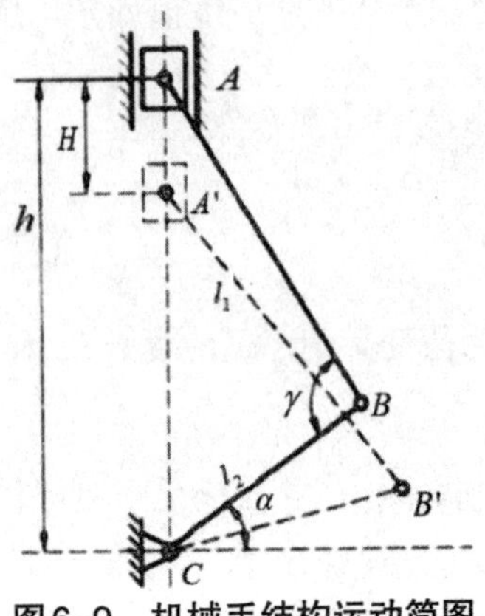

图6-9　机械手结构运动简图

机构尺寸需要解决各构件的长度l_1、l_2、h，因此，优化时将三个长度作为设计变量，即

$$\boldsymbol{x}=\left[x_1\ \ x_2\ \ x_3\right]^T=\left[l_1\ \ l_2\ \ h\right]^T$$

1.目标函数的构造

考虑到机械手传动角γ直接影响机构的传动性能，且传动角越大，机械手的传动性能越好，因此设计中以传动角$\gamma\to 90°$构造如下目标函数：

$$\min f(x)=\cos\gamma=\frac{x_1^2+x_2^2-x_3^2}{2x_1x_2}$$

2.约束条件的建立

机械手爪设计中包括约束条件和边界条件，其中约束条件为

$$\begin{cases}g_1(\boldsymbol{x})=0.707+\dfrac{x_1^2+x_2^2-x_3^2}{2x_1x_2}\geqslant 0\\ g_2(\boldsymbol{x})=0.707-\dfrac{x_1^2+x_2^2-x_3^2}{2x_1x_2}\geqslant 0\\ g_3(\boldsymbol{x})=\arcsin\left[\dfrac{x_1^2+x_2^2-x_3^2}{2x_1x_2}\right]+\dfrac{\pi}{18}\geqslant 0\\ g_4(\boldsymbol{x})=\dfrac{\pi}{6}-\arcsin\left[\dfrac{x_1^2+x_2^2-x_3^2}{2x_1x_2}\right]\geqslant 0\end{cases}$$

机械手爪设计的边界条件为

$$
\begin{cases}
g_5(\boldsymbol{x}) = x_1 - 85 \geqslant 0 \\
g_6(\boldsymbol{x}) = 150 - x_1 \geqslant 0 \\
g_7(\boldsymbol{x}) = x_2 - 100 \geqslant 0 \\
g_8(\boldsymbol{x}) = 200 - x_2 \geqslant 0 \\
g_9(\boldsymbol{x}) = x_3 - 70 \geqslant 0 \\
g_{10}(\boldsymbol{x}) = 150 - x_3 \geqslant 0
\end{cases}
$$

（二）病毒进化免疫克隆优化设计

1.病毒进化免疫克隆优化算法原理

为了完成平动式轻型装卸机机械手的全局结构优化，引入免疫克隆优化算法。如前所述，该优化算法包括了克隆、免疫基因和克隆选择三个操作算子。为了进一步提高克隆免疫算法的优化能力，引入病毒进化机制对免疫基因操作后的低适应度种群个体进行协同进化，从而提高种群多样性，加强克隆算法的局部搜索能力。

生物病毒系统具有较强的感染功能，能从一个个体获得染色体基因，然后感染给其他个体来改变其基因信息，而被感染个体又将信息遗传给下一代，从而加速生物的进化能力。基于病毒进化理论，Kubota首次实现了工程应用，提出了病毒协同进化的遗传算法。在其协同进化理论中，病毒个体产生于主个体，位长与主个体相同。在病毒个体串中含有通配符*，个体可以采用十进制或二进制编码。考虑到机械手优化变量为三个，因此采用二进制编码。

病毒个体适应度通常定义为主种群个体被感染前后的适应度变化值。设被病毒i感染的主个体集合为U，$\forall j \in U$，主个体j被感染前后的适应度为f_host_j和$f_\mathrm{host}'_j$，则病毒i的适应度函数定义为

$$
f\_virus_i = \sum_{j \in U} f\_\mathrm{host}'_j - f\_\mathrm{host}_j
$$

病毒i在第（k+1）代时的生命力定义如下：

$$
l\_virus_i(k+1) = r \cdot l\_virus_i(k) + f\_virus_i
$$

式中，r为生命力衰减系数。

病毒的感染操作包括反向代换和结合。前者主要是病毒个体依概率P_r对主个体进行感染，并根据亲和度确定是否替换个体。后者又包括复制和删减，复制主要是在主个体中随机选择一个，依概率P_c替换病毒个体中相应基因位，产生有效字符更多的新病毒个体。

设第k代n维主种群为$P(k)$，m维病毒种群为$N(k)$，病毒协同进化算法流程如下：

①$i = 1$。

②感染操作：利用病毒个体i依概率P_r对$P(k)$中个体进行反向代换，计算个体感染前后的适应度值，若减小，则保留父代，否则保留子代。

③病毒更新：计算病毒i的适应度f_virus_i以及生命力l_virus_i，若$l_virus_i > 0$，则依概率P_c进行病毒i的复制，否则依概率P_d进行删除操作。

④$i = i+1$，如果$i \leqslant m$，则转步骤①，否则进化结算，输出进化后新主种群$P'(k)$。

为了便于后续算法描述，病毒进化定义如下：

$$\boldsymbol{P}'(k) = T_v^i(\boldsymbol{P}(k))$$

2.病毒进化免疫克隆优化算法流程

病毒协同进化克隆算法的步骤描述如下：

初始化算法参数，$k \leftarrow 0$。

产生初始主群体$A(k)$，依概率P_c产生病毒种群$V(k)$。

计算亲和度：$f\left(e^{-1}(\boldsymbol{A}(0))\right) = \left\{f\left(e^{-1}(\boldsymbol{a}_i(0))\right), i = 1,2,\cdots,n\right\}$。

克隆操作：$\boldsymbol{A}'(k) = \boldsymbol{T}_c^c(\boldsymbol{A}(k))$

免疫基因操作：$\boldsymbol{A}''(k) = \boldsymbol{T}_c^z\left(\boldsymbol{A}'(k)\right)$。

从$\boldsymbol{A}''(k)$选择T%低亲和度个体。

$j = 1,2,\cdots,\mathrm{fix}(T\% \times n)$ $j = 1,2,\cdots,\mathrm{fix}(T\% \times n)$。

病毒进化：$\boldsymbol{P}'(k) = T_v^i(\boldsymbol{P}(k))$。

克隆选择：$\boldsymbol{A}(k+1) = \boldsymbol{T}_c^s\left(\left(\boldsymbol{A}''(k) - \boldsymbol{P}(k)\right) \cup \boldsymbol{P}'(k)\right)$。

$k \leftarrow k+1$。

结束。

五、起重机箱形主梁粒子群优化设计

长期以来，在桥式起重机产品设计过程中，主梁尺寸通常根据起重机设计手册进行选择，所设计的起重机往往安全系数过大，造成材料浪费，并增加了许多基建费用。随着起重机向大吨位、低噪声、减小振动及轻型化方向的不断发展，原有产品已越来越不能适应当前要求。

（一）起重机箱形主梁优化模型的建立

1.目标函数的构造

桥式起重机大多采用箱形截面主梁，箱形主梁截面计算简图如图6-10所示。在满足使用性能要求的前提下，通常取箱形主梁截面主要尺寸作为设计变量，以梁最小质量作为优化目标，从而建立如下的优化模型，其目标函数为

$$f(\boldsymbol{X}) = 2\left(x_1x_3 + x_2x_4\right)$$

式中，x_1为主梁高度；x_2为主梁宽度；x_3为腹板厚度；x_4为翼板厚度。

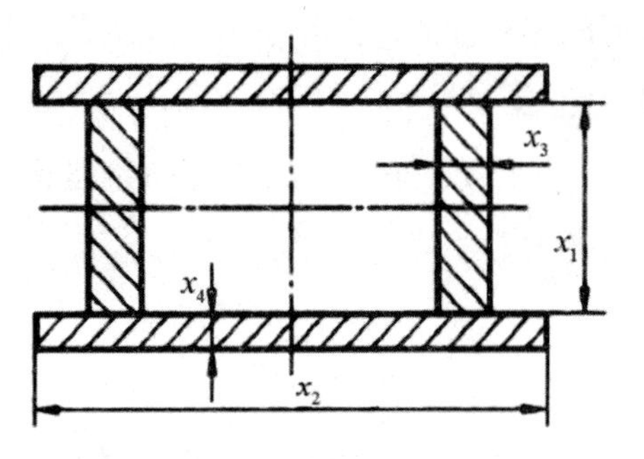

图6-10　箱形主梁截面计算简图

2.设计变量的确定

$$X=\{x_1,x_2,x_3,x_4\}$$

3.约束条件的建立

起重机箱形主梁设计中的约束条件包括强度约束条件、刚度约束条件、工艺约束和边界约束，分别为下列三个式子：

$$g_1(X)=\frac{3L}{4}\left[\frac{P_1+r(x_1x_3+x_2x_4)L}{3x_1x_2x_4+x_1^2x_3}+\frac{P_2}{3x_1x_2x_4+x_2^2x_4}\right]-[\sigma]\leqslant 0$$

$$g_2(X)=\frac{P_1L_3}{(3x_1^2x_2x_4+x_1^3x_3)\times 9.9\times 10^6}-\frac{L}{700}\leqslant 0$$

$$\begin{cases} g_3(X)=\dfrac{x_2}{x_1}-60\leqslant 0 \\ g_4(X)=\dfrac{x_1}{x_3}-160\leqslant 0 \\ g_5(X)=0.5-x_3\leqslant 0 \\ g_6(X)=0.5-x_4\leqslant 0 \end{cases}$$

式中，$P_1=1.2\times 10^5\ \mathrm{N}; P_2=1.2\times 10^4\ \mathrm{N}; L=10.5\mathrm{m}; [\sigma]=140\mathrm{MPa}$。

（二）混沌粒子群优化设计

为了完成桥式起重机箱形截面主梁的结构优化，引入粒子群优化算法。但基本粒子群算法存在易陷入局部最优点、进化后期收敛速度慢等缺陷，利用平均粒距来判断种群的差异性，同时利用混沌运动的随机性和遍历性，对适应度差的粒子进行混沌扰动，从而进一步提高粒子群算法的优化性能。

1.平均粒距定义

粒子群算法在优化过程中，整个种群追随两个极值运动。若某个粒子发现当前最优位置，其他粒子将会迅速向其靠拢，种群的多样性将会消失。若该位置为一局部最优点，粒子群将无法跳出局部最优点，从而无法展开对全局最优点的搜索，出现所谓的早熟收敛现象。用平均粒距来描述种群的多样性，进而判断早熟现象，并利用混沌对初值的敏感性来跳出早熟，从而达到全局寻优。

设N为种群规模大小，D为维数，p_{id}个粒子的第d维坐标值，p_d表示所有粒子第d维坐标值均值，则平均粒距定义为

$$L(t)=\frac{1}{N}\sum_{i=1}^{N}\sqrt{\sum_{d=1}^{D}\left(p_{id}-\overline{p_d}\right)^2}$$

由式可知，平均粒距独立于种群规模大小、解空间的维数以及每维搜索范围。$L(t)$越小，表示种群越集中；$L(t)$越大，表示种群越分散。

2.混沌优化算子

当粒子进入早熟时，混沌搜索可以有助于跳出局部最优。考虑到Logistic方程全局稳定性好，计算量小，利用下式产生混沌序列组成初始种群空间$P(0)$。

$$z(t+1)=\eta z(t)(1-z(t))$$

式中η为混沌吸引子，当$\eta=4$时，Logistic映射为（0，1）区间的满映射；$z(t)$为第t次迭代产生的混沌变量，$z(t)\in(0,1)$ 且 $z(t)\notin\{0.25,0.5,0.75\}$ 。

混沌扰动采用下式进行：

$$\hat{\boldsymbol{a}}'(t)=(1-\alpha)\quad{}^{*}+\alpha\quad(t)$$

式中，$\hat{\boldsymbol{a}}^{*}$为最优混沌向量；$\hat{\boldsymbol{a}}(t)$为迭代t次后的混沌向量；$\hat{\boldsymbol{a}}'(t)$为施加扰动后的混沌向量；α为调节系数，在搜索初期希望变量变化较大，α值较大，随着搜索的进行变量逐渐接近最优值，α也应逐渐减小。α按照下式确定：

$$\alpha=1-\left|\frac{t-1}{t}\right|^{p}$$

式中，p为整数，取2；k为混沌扰动迭代代数。

六、无心磨削工艺参数的多克隆粒子群优化

无心磨削是一种高效的磨削方法，特别是无心外圆通磨法能连续供给工件，尺寸管理容易，工件支撑刚性好，在轴承、汽车和拖拉机等制造业中被广泛采用。在满足产品技术要求和切削加工条件下，为了达到最佳的生产经济性，无心磨削工艺参数的选择非常重要。常规参数优化可以通过复合形法，但是该方法是一种局部优化方法。随着现代启发式优化设计方法的发展，粒子群优化算法被引入无心磨削工艺参数选择中，但基本粒子群容易陷入局部最小，收敛速度慢，如何进一步提高无心磨削工艺参数选择的效果，对现代启发式优化设计方法提出了更高的要求。为此，针对所建立的无心磨削工艺参数优化模型，基于多克隆粒子群算法来进行参数优化。

（一）无心磨削工艺参数优化模型的建立

1.设计变量的确定

在进行无心外圆磨削时，磨轮与导轮共同作用于工件，当导轮轴线与磨轮平行的垂直平面内的偏角 $\alpha = 1^{\circ} \sim 3^{\circ}$ 时，工件与导轮之间有0.02 ~ 0.05的相对滑动率，可忽略不计。此时，工件线速度 v_w 及轴向速度 v_a 与导轮转速 n_r 的关系如图6-11所示。

$$v_w = 1 - \pi d_t n_t \cos\alpha \quad (\mathrm{m/min})$$

$$v_n = \pi d_r n_r \sin\alpha \quad (\mathrm{mm/min})$$

式中，n_r 为导轮转速；α 为导轮偏角，精磨时一般 $\alpha = 1^{\circ} \sim 2.5^{\circ}$；$f_a$ 为工件的轴向进给量，其计算公式如下：

$$f_{\mathrm{a}} = \pi d_w \tan\alpha$$

式中，d_w 为工件直径。

因此，工件的轴向速度 v_a 与线速度 v_w 和轴向进给量 f_a 的关系为

$$v_a = 10^3 v_w \tan\alpha = \frac{10^3 v_w f_a}{\eth d_w}$$

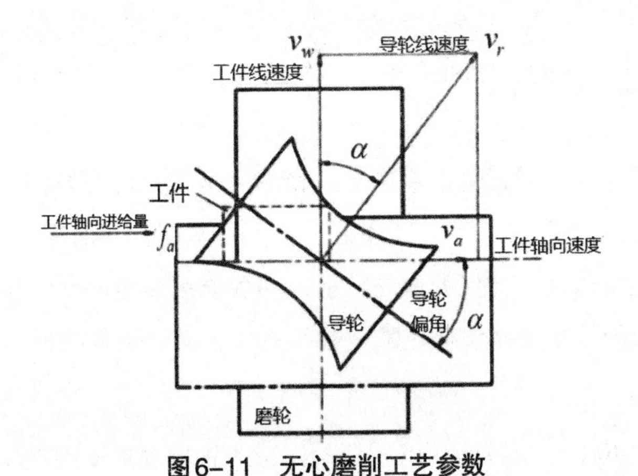

图6-11　无心磨削工艺参数

在与无心外圆磨削有关的切削参数中，磨轮与导轮的特性、直径、宽度及磨轮转速是确定的，导轮转速可根据所选磨床型号进行有级或无级调速。因此，在无心磨削工艺参数优化问题中，用于优化设计的独立变量主要有工件的线速度 v_w、轴向进给量 f_a 和磨削深度 t，即

$$\boldsymbol{x} = [x_1 \ \ x_2 \ \ x_3]^T = [v_w \ \ f_{\mathrm{n}} \ \ t]^T$$

2.目标函数的构造

无心磨削工艺参数优化以每分钟的最大金属切除率作为目标函数，即

$$\max f(\boldsymbol{x}) = 10^{-3} \cdot x_1 \cdot x_2 \cdot x_3$$

3.约束条件的建立

约束条件包括工件磨削表面允许最大高度、防止磨削烧伤、磨轮耐用度、磨床主电动机额定功率、工件轴向允许速度以及工艺参数的边界条件。

$$\begin{cases} g_1(\boldsymbol{x}) = 2 - 0.903(x_1 \cdot x_2)^{0.4} \geqslant 0 \\ g_2(\boldsymbol{x}) = 1920 - 7.071(2042 - x_1) x_3^{0.5} \geqslant 0 \\ g_3(\boldsymbol{x}) = 28405.2 - 30(x_1 \cdot x_2)^{1.82} x_3^{1.1} \geqslant 0 \\ g_4(\boldsymbol{x}) = 12.35 - 2.203(x_1 \cdot x_2 \cdot x_3)^{0.7} \geqslant 0 \\ g_5(\boldsymbol{x}) = 2000 - 5.729 \cdot x_1 \cdot x_2 \geqslant 0 \end{cases}$$

式中，$12.241 \leqslant x_1 \leqslant 88.579$；$3.047 \leqslant x_2 \leqslant 7.621$；$0.002 \leqslant x_3 \leqslant 0.03$。

（二）多克隆粒子群优化设计

1.粒子群算子

基本粒子群算法源于鸟群捕食行为，算法将每个个体看作N维搜索空间中一个没有质量和体积的粒子，并以一定速度“飞行”。每个粒子根据式$y = \sum_{j=1}^{m} w_j h_j(x)$、式$d_j(k) = x(k) - c_j(t)$来更新自身的速度和位置。

2.多克隆算子

基本免疫克隆算法主要通过克隆复制T_{cc}、高频变异$T_c g$和克隆选择$T_c s$进行种群演化，该算法通常也称为单克隆算法。多克隆算子是在免疫基因操作时采用了克隆交叉$T_c x$，从而使子代不再单一地继承某个父代个体的特征，而可能更多地获得参与交叉的优势父代个体。因此，多克隆选择算子操作包括克隆复制、克隆交叉和克隆选择三个算子。

（1）克隆复制T_{cc}

设第k代种群为$\boldsymbol{A}(k) = [a_1(k)\ a_2(k)\ \cdots\ a_n(k)]$，$n$为种群规模，则克隆复制操作为

$$\boldsymbol{A}'(k) \leftarrow \boldsymbol{T}_c^c(\boldsymbol{A}(k)) = [\boldsymbol{B}_1(k)\ \boldsymbol{B}_2(k)\ \cdots\ \boldsymbol{B}_n(k)]$$

$$\boldsymbol{B}_i(k) = \boldsymbol{T}_c^c(a_i(k)) = \boldsymbol{I}_i \times a_i(k) \quad (i \in [1, n])$$

式中，I_i为d_i维行向量；$\boldsymbol{B}_i(k) = [a_{i1}(k)\ a_{i2}(k)\ \cdots\ a_{id_i}(k)]$，并且，$a_{ij}(k) = a_i(k)$，$j \in [1, d_i]$，$d_i$为抗体适应度函数。

（2）克隆交叉$T_c x$

按照给定交叉概率P_x选取一对抗体进行交叉。为了保留抗体原始信息，交叉并不作用

到A，即

$$A''(k) \leftarrow T_c^x\left(A'(k)/P_x\right)=\left[B_1'(k)\ B_2'(k)\ \cdots\ B_n'(k)\right]$$

$$a_{ij}'(k)=T_c^x\left(a_{ij}(k),a_i(k)\right)$$

式中，$a_{ij}(k)\in B_i(k)$，$a_t(k)\in A$，$t\neq i,a_{ij}'(k)\in B_i'(k)$，$j\in\left[1,d_i-1\right],i\in[1,n]$。

（3）高频变异T_{cm}

高频变异同样不作用到A，采用高斯变异：

$$A'''(k) \leftarrow T_c^m\left(A''(k)\right)=\left[B_1''(k)\ B_2''(k)\ \cdots\ B_n''(k)\right]$$

$$a_{ij}''(k)=T_c^m\left(a_{ij}'(k)\right)=a_{ij}'(k)+N[\mu,\sigma]$$

式中，$a_{ij}''(k)\in B_i''(k)$，$a_{ij}'(k)\in B_i'(k)$，$j\in\left[1,d_i-1\right]$，$N[\mu,\sigma]$为高斯方程所产生的随机数。

（4）克隆选择T_cs

$$\mathrm{A}(k+1) \leftarrow T_c^s\left(A'''(k)\right)=\left[a_1(k+1)\ a_2(k+1)\ \cdots\ a_n(k+1)\right]$$

$$a_i(k+1)=\max\left\{F\left(a_{ij}''(k)\right)\mid j\in\left[1,d_i-1\right],F\left(a_i(k)\right)\right\}$$

3.基于多克隆选择的粒子群优化算法

算法思想：粒子在初始化后，对粒子位置进行多克隆操作，然后再调整粒子的位置和速度，直至满足结束条件，具体步骤如下：

①初始化参数：c_1和c_2；最大和最小惯性权重$w_{\max}$、$w_{\min}$；P_r；变异概率P_m最大进化代数$K_{\max}$等，$k\rightarrow 0$。

②初始化粒子，将粒子的位置作为抗体种群$A(k)$。

③计算每个粒子的适应度值，更新个体极值p_i和全局极值p_s。

④执行多克隆选择算子。

⑤根据式$v_{id}^{t+1}=wv_{id}^t+c_1r_1\left(p_{id}^t-x_{id}^t\right)+c_2r_2\left(p_{gd}^t-x_{id}^t\right)$或式$x_{id}^{t+1}=x_{id}^t+v_{id}^{t+1}$更新粒子的位置和速度，$k=k+1$。

⑥判断是否满足结束条件$k=K_{\max}$。如果满足，则结束算法；否则执行步骤③。

第七章　机械设计的创新技术

第一节　机械结构创新设计

一、结构方案的变异设计

机械结构是机械功能的载体，是功能实现的物质基础，是机械设计中各种分析过程的对象。机械结构设计是在原理方案设计和机构设计的基础上，确定机械装置的详细结构与参数的设计过程。结构设计过程要确定机械装置的结构组成及其装配关系，确定所有零件的具体形状、尺寸、精度、材料、热处理方式及表面状态。

机械结构设计是机械设计中最活跃的要素，其结果要能够可靠地实现给定的功能要求，满足在已有的工艺方法体系下的可实现性（可加工、可运输、可装配、可检验和最大限度地可回收利用），同时要满足安全性、经济性以及美观、环保等方面的要求。机械结构设计的多解性表明，存在众多满足设计要求的机械结构解。机械结构设计的目标是在众多的可行解中找到较好的解。

（一）工作表面的变异

创造性思维在机械结构设计中的重要应用之一是结构变异设计方法。

结构变异设计方法能使设计者从一个已知的可行结构方案出发，通过变异设计，得到大量的可行方案。

变异设计的目的是寻求满足设计功能要求的、独立的结构设计方案，以便通过参数设计得到优化的结构解。通过变异设计所得到的、独立的设计方案数量越多，覆盖的范围越广泛，通过参数设计得到全局最优解的可能性就越大。

变异设计方法以已有的可行设计方案为基础，通过有序地改变结构的特征，得到大量的结构方案。变异设计的基本方法是通过对已有结构设计方案的分析，得出描述结构设计方案的技术要素的构成，然后再分析每一个技术要素的合理的取值范围，通过对这些技术要素机械创新设计在各自的合理取值范围内的充分组合，就可以得到足够多的、独立的结构设计方案。

例如，如图7-1所示为一种销连接结构，销的材料、形状、尺寸、位置、方向、数量等参数构成了描述销连接结构方案的技术要素，对这些技术要素在合理的取值范围内进行变异，就可以得到多种新的销连接结构方案。

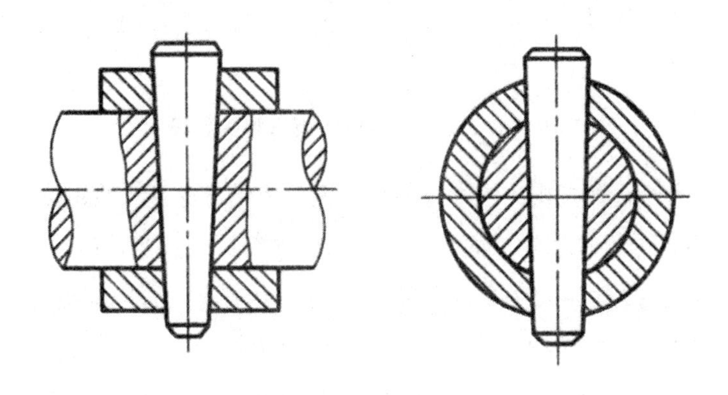

图7-1　销连接结构

在构成零件的多个表面中，有些表面与其他零件或工作介质直接接触，这些表面称为零件的工作表面。零件的工作表面是决定机械装置功能的重要因素，其设计是零部件设计的核心问题。通过对工作表面的变异设计，可以得到实现同一功能的多种结构方案。

工作表面的形状、尺寸、位置等参数都是描述它的独立技术要素，通过改变这些要素可以得到关于工作表面的多种设计方案。

图7-2描述的是通过对螺栓和螺钉的头部形状进行变异所得到的多种设计方案。其中，方案a ~ c的头部形状使用一般扳手拧紧，可获得较大的拧紧力矩，但不同的头部形状所需的最小工作空间（扳手空间）不同；滚花形（方案d）和元宝形（方案e）的头部形状用于手工拧紧，不需要专门工具，使用方便；方案f ~ h的扳手作用于螺钉头的内表面，可使螺纹连接结构表面整齐美观；方案i ~ l分别是用十字形和一字形螺钉旋具拧紧的螺钉头部形状，拧紧过程所需的工作空间小，但拧紧力矩也小。可以想象，有许多可以作为螺钉头部形状的设计方案，不同的头部形状要用不同的工具拧紧，在设计新的螺钉头部形状方案时要同时考虑拧紧工具的形状和操作方法。

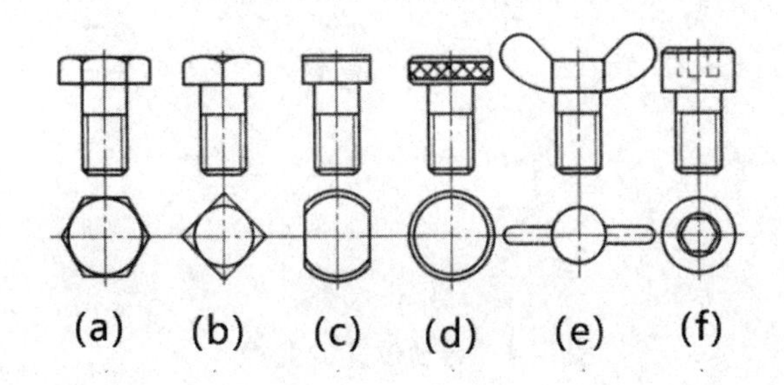

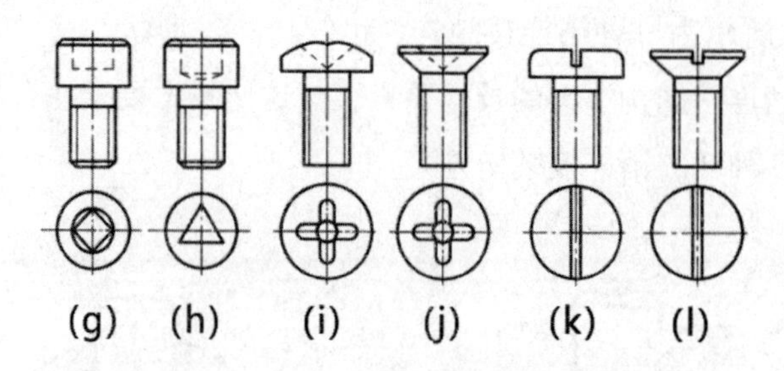

图7–2　螺栓、螺钉头部形状的变异

如图7-3所示为凸轮挺杆机构中通过将接触面互换的方法所实现的变异。在图7-3（a）所示的结构中，挺杆与摇杆通过球面相接触，球面在挺杆上，当摇杆的摆动角度变化时，摇杆端面与挺杆球面接触点的法线方向随之变化。由于法线方向与挺杆的轴线方向不平行，挺杆与摇杆间作用力的压力角不等于零，会产生横向力，横向力需要与导轨支撑反力相平衡，支撑反力派生的最大摩擦力大于轴向力时造成挺杆卡死。如果将球面变换到摇杆上，如图7-3（b）所示，则接触面上的法线方向始终平行于挺杆轴线方向，有利于防止挺杆被卡死。

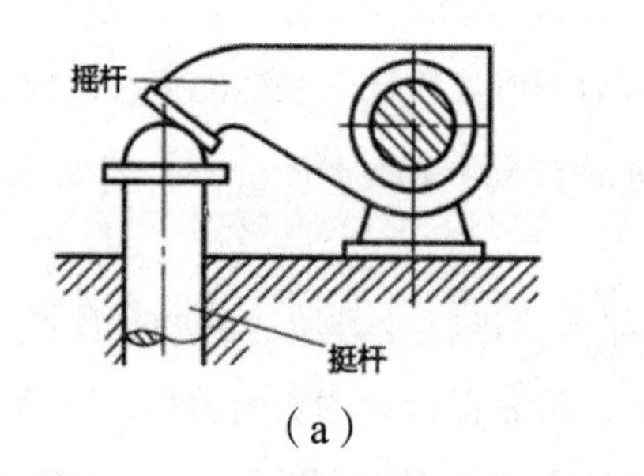

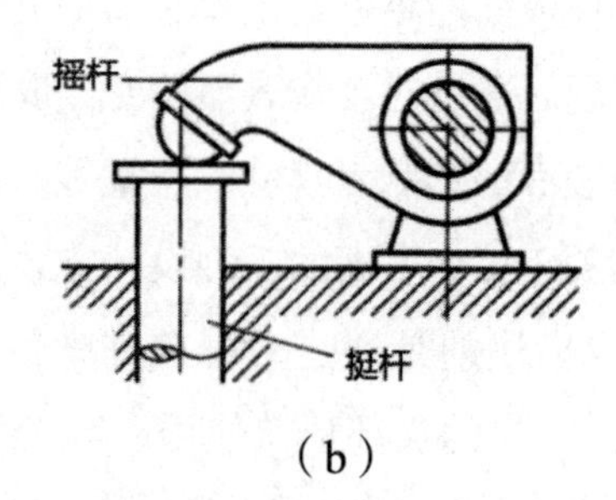

图7–3　摇杆与挺杆工作表面位置的变换

如图7-4所示为V形导轨结构的两种设计方案。在图7-4（a）所示结构中，上方零件（托板）导轨断面形状为凹形，下方零件（床身）为凸形，在重力作用下摩擦表面的润滑剂容易自然流失。如果改变凸、凹零件的位置，使上方零件为凸形，下方零件为凹形，如图7-4（b）所示，则有利于改善导轨的润滑状况。

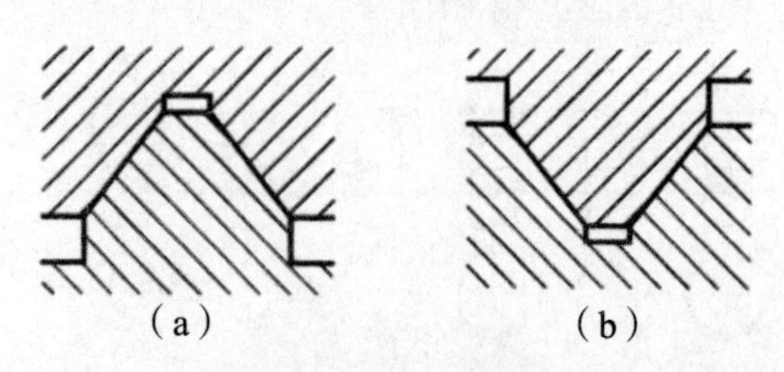

图7–4　导轨位置的变换

如图7-5所示为棘轮—棘爪结构，描述棘轮—棘爪结构的技术要素包括轮齿形状、轮齿数量、棘爪数量、轮齿位置和轮齿尺寸等。

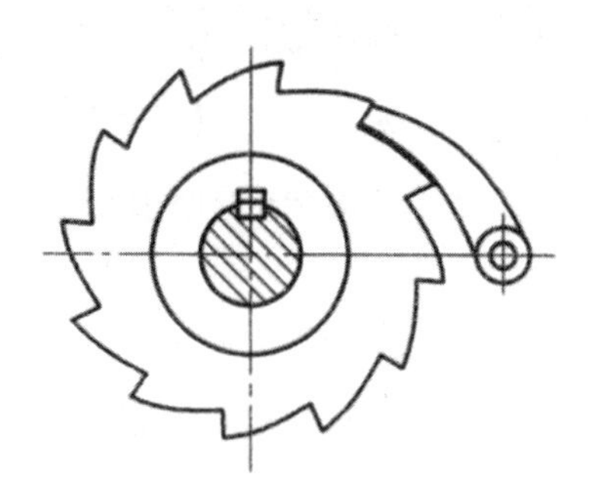

图7–5　棘轮—棘爪结构

（二）轴毂连接结构的变异

轴毂连接结构实现轴与轮毂之间的周向固定并传递转矩。按照轴与轮毂之间传递转矩的方式，可以将轴毂连接结构分为依靠摩擦力传递转矩的方式和依靠接触面形状、通过法向力传递转矩的方式。

根据物理原理进行连接的方法称为锁合。依靠接触面的形状，通过法向力传递转矩的方式称为形锁合连接。各种非圆截面都可以构成形锁合连接，但是由于非圆截面不容易加工，所以应用较少。应用较多的是在圆截面的基础上，通过打孔、开槽等方法构造出不完整的圆截面，通过变换这些孔或槽的尺寸、数量、形状、位置、方向等参数可以得到多种形锁合连接。

依靠接触面间的压紧力所派生的摩擦力传递转矩的轴毂连接方式称为力锁合连接。圆柱面过盈连接是最简单的力锁合连接，它通过控制轴和孔的公差带位置关系获得轴与孔的过盈配合，装配后的轴与孔结合紧密，接触面间产生较大的法向压力，可以派生出很大的摩擦力，既可以承担转矩，也可以承担轴向力。但是过盈连接对加工精度要求高，装配和拆卸都不方便，在配合面端部引起较大的应力集中。为了构造装、拆方便的力锁合连接结构，必须使被连接的轴和孔表面间在装配前无过盈，装配后通过调整等方法使表面间产生过盈，拆卸过程则相反。

基于这一目的，不同的调整结构派生出不同的力锁合轴毂连接形式，常用的力锁合连接方式有楔键连接、弹性环连接、圆锥面过盈连接、紧定螺钉连接、容差环连接、星盘连接、压套连接、液压胀套连接等，其中有些是通过在结合面间揳入其他零件（楔键、紧定螺钉）或介质（液体）使其产生过盈，有些则是通过调整使零件变形（弹性环、星盘、压套），从而产生过盈。常用的力锁合轴毂连接结构中的工作表面为最容易加工的圆柱面、圆锥面和平面，其余为可用大批量加工方法加工的专用零件（如螺纹连接件、星盘、压套等），这是通过变异设计方法设计新型连接结构时必须遵循的原则，否则即使新结构在某些方面具有一些优秀的特性，也难以推广使用。在以上各种连接结构中没有哪一种结构是在各方面的特性都较好的，但是每一种结构都在某一方面或某几方面具有其他结构所没有的优越性，正是这种优越性使它们具有各自的应用范围和不可替代的作用。任何一种新开发的新型连接结构，只有具备某种优于其他结构的突出特性才可能在某些应用中被采用。

（三）联轴器连接方式变异

联轴器连接两轴，并在两轴间传递转矩，两轴之间的不同连接方式可以构成不同的联轴器类型。

刚性联轴器在两轴之间构成刚性连接。如图7-6所示的凸缘联轴器和套筒联轴器就是刚性联轴器。刚性联轴器具有较强的承载能力，但是对所连接的两轴之间的位置精度有较高的要求。

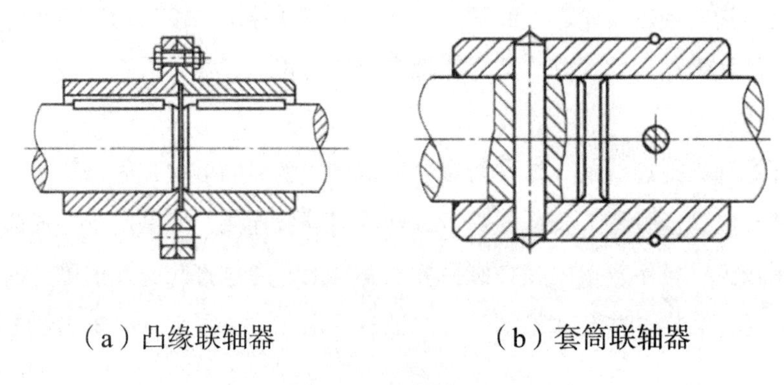

（a）凸缘联轴器　　（b）套筒联轴器

图7–6　刚性联轴器

为了使联轴器可以适应所连接两轴之间存在的位置及方向误差，可以将联轴器分解为两个分别安装在所连接两轴端的半联轴器，将两个半联轴器通过弹性元件相连接，构成有弹性元件的挠性联轴器。由于不同材料在性能上的差别，选用不同弹性元件材料对联轴器的工作性能也有很大的影响。可选为弹性元件的材料有金属、橡胶、尼龙等。金属材料具有较高的强度、刚度和寿命，所以常用在要求承载能力大的场合；非金属材料的弹性变形范围大，载荷与变形的关系非线性，可用简单的形状实现较大变形量，但是非金属材料的强度差，寿命短，常用在要求承载能力较小的场合。由于弹性元件的寿命短，使用中需要多次更换弹性元件，在结构设计中应为更换弹性元件提供可能和方便，应为更换弹性元件留有必要的操作空间，应使更换弹性元件所必须拆卸、移动的零件数量尽量少。图7-7表示了使用不同弹性元件材料的有弹性元件挠性联轴器的结构。

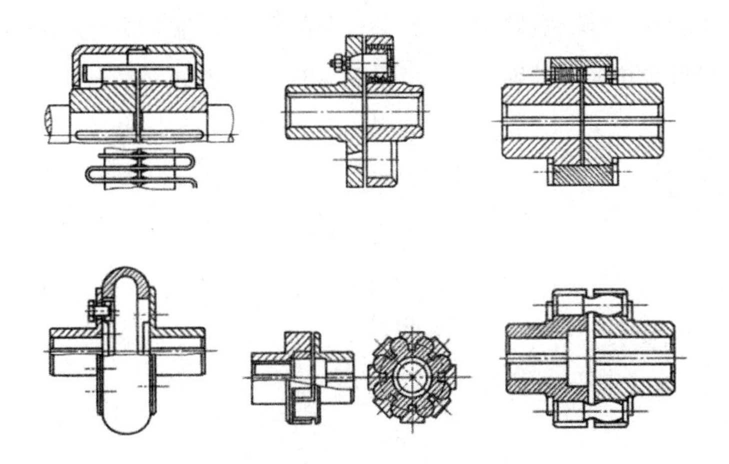

图7–7　有弹性元件的挠性联轴器

可以将两个半联轴器用特定运动副连接，使两个半联轴器之间具有某些运动自由度，使联轴器可以适应所连接两轴之间存在的位置及方向误差。

如图7-8所示的万向联轴器通过两组正交的铰链连接两个半联轴器，使联轴器具有调整两轴角度误差的能力。

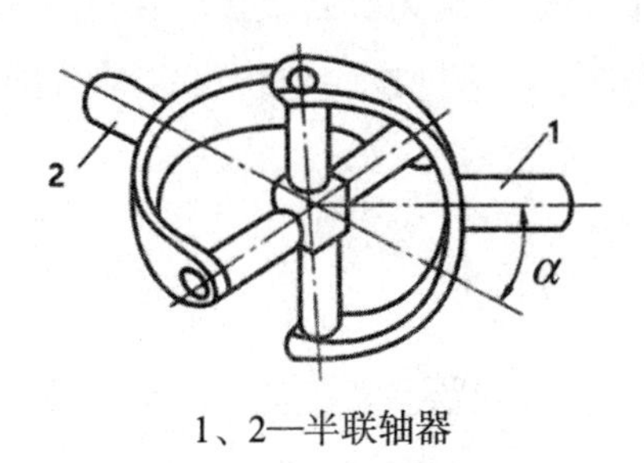

1、2—半联轴器

图7–8　万向联轴器

如图7-9所示的十字滑块联轴器通过半联轴器1、3与中间凸榫之间两个移动副连接两个轴，可以适应两轴之间的径向位置误差。

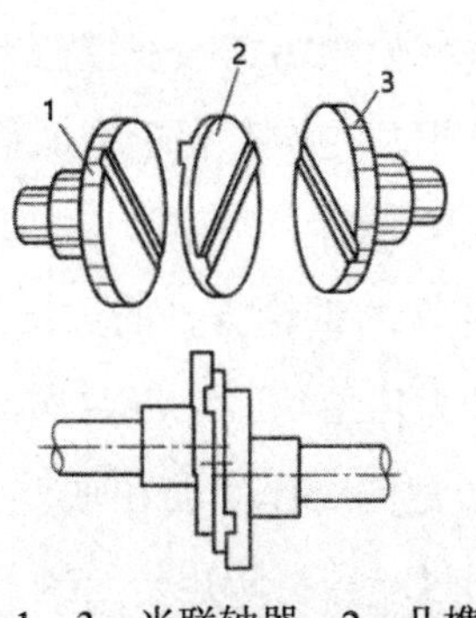

1、3—半联轴器；2—凸榫

图7–9　十字滑块联轴器

如图7-10所示的平行轴联轴器用连杆通过两组平行铰链连接两个半联轴器，使两个半联轴器之间具有两个方向的移动自由度，适应两轴之间的径向位置误差。

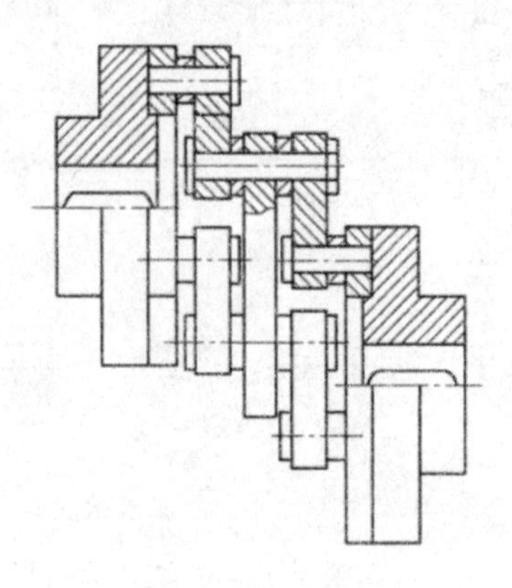

图7-10　平行轴联轴器

二、提高性能的设计

机械产品的性能不但与原理设计有关，结构设计的质量也直接影响产品的性能，甚至影响产品功能的实现。下面分别分析为提高结构的强度、刚度、精度、工艺性等方面性能常采用的设计方法和设计原则，通过这些分析可以对结构的创新设计提供可供借鉴的思路。

（一）提高强度和刚度的设计

强度和刚度是结构设计的基本问题，通过正确的结构设计可以减小单位载荷所引起的材料应力和变形量，提高结构的承载能力。

强度和刚度都与结构受力有关，在外载荷不变的情况下降低结构受力是提高强度和刚度的有效措施。

1.载荷分担

载荷引起结构受力，如果多种载荷作用在同一结构上就可能引起局部应力过大。结构设计中应将载荷由多个结构分别承担，这样有利于降低危险结构处的应力，从而提高结构的承载能力，这种方法称为载荷分担。

如图7-11所示为一位于轴外伸端的带轮与轴的连接结构。方案（a）所示结构在将带轮的转矩传递给轴的同时也将压轴力传给轴，它将在支点处引起很大的弯矩，并且弯矩所引起的应力为交变应力，弯矩和转矩同时作用会在轴上引起较大应力。方案（b）所示的结构中增加了一个支承套，带轮通过端盖将转矩传给轴，通过轴承将压轴力传给支承套，支承套的直径较大，而且所承受的弯曲应力是静应力，通过这种结构使弯矩和转矩分别由不同零件承担，提高了结构整体的承载能力。

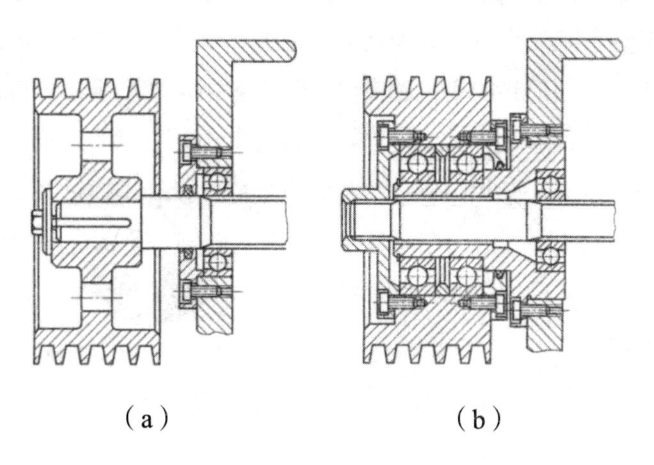

图7–11　带轮与轴的连接

如图7-12（a）所示为蜗杆轴系结构，蜗杆传动产生的轴向力较大，使得轴承在承受径向载荷的同时承受较大的轴向载荷，在图7-12（b）所示结构中增加了专门承受双向轴向载荷的双向推力球轴承，使得各轴承分别发挥各自承载能力的优势。

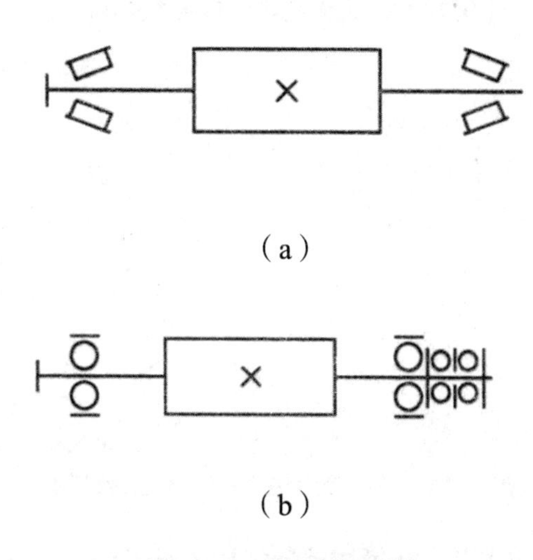

图7–12　蜗杆轴系结构

2.载荷平衡

在机械传动中，有些做功的力必须使其沿传动链传递，有些不做功的力应尽可能使其传递路线变短，如果使其在同一零件内与其他同类载荷构成平衡力系则其他零件不受这些载荷的影响，有利于提高结构的承载能力。

3.减小应力集中

应力集中是影响承受交变应力的结构承载能力的重要因素，结构设计应设法缓解应力集中。在零件的截面形状发生变化处力流会发生变化（见图7-13），局部力流密度的增加引起应力集中。零件截面形状的变化越突然，应力集中就越严重，结构设计时应尽力避免使结构受力较大处的零件形状突然变化以减小应力集中对强度的影响。零件受力变形时不同位置的变形阻力（刚度）不相同也会引起应力集中，设计中通过降低应力集中处附近的局部刚度可以有效地降低应力集中。例如，如图7-14（a）所示过盈配合连接结构在轮毂端部应力集中严重，图（b）~（d）所示结构通过降低轴或轮毂相应部位的局部刚度使应力集中得到有效缓解。

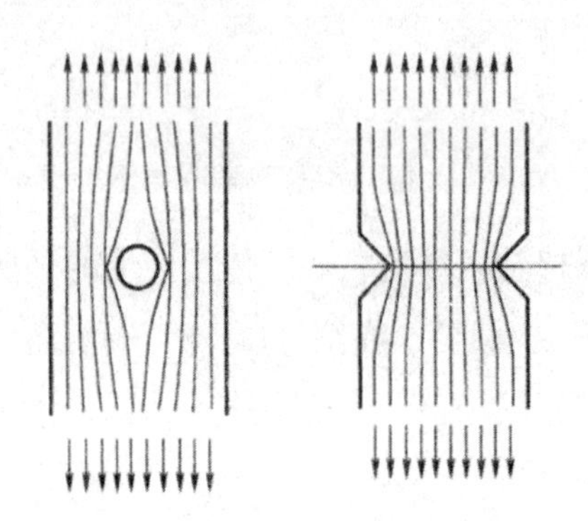

图7-13　力流变化引起应力集中

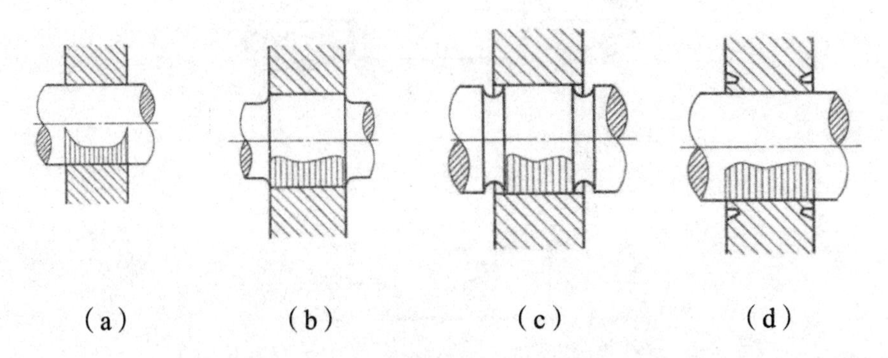

图7-14　减小应力集中的过盈连接结构

由于结构定位等功能的需要，在绝大部分结构中不可避免地会出现结构尺寸及形状的变化，这些变化都会引起应力集中，如果多种变化出现在同一结构截面处将引起严重的应力集中，所以结构设计中应尽量避免这种情况。

（二）提高精度的设计

现代设计对精度提出越来越高的要求，通过结构设计可以减小由于制造、安装等产生的原始误差，减小由于温度、磨损、构件变形等产生的工作误差，减小执行机构对各项误差的敏感程度，从而提高产品的精度。

1.误差均化

制造和安装过程中产生的误差是不可避免的，通过适当的结构设计可以在原始误差不变的情况下使执行机构的误差较小。试验证明，螺旋传动的误差可以小于螺杆本身的螺距误差。在机构中，如果有多个连接点同时对一种运动起限制作用，则运动件的运动误差决定于各连接点的综合影响，其运动精度高于一个连接点的限制作用。在一定条件下增加螺旋传动中起作用的螺纹圈数，使多圈螺纹同时起作用，不但可以提高螺旋传动的承载能力和耐磨性，而且可以提高传动精度。

2.误差合理配置

在机床主轴结构设计中，提高主轴前端（工作端）的旋转精度是很重要的设计目标，主轴前支点轴承和主轴后支点轴承的精度都会影响主轴前端的旋转精度，但是影响的程度不相同。

3.误差传递

在机械传动系统中，各级传动件都会产生运动误差，传动件在传递必要运动的同时也不可避免地将误差传递给下一级传动件。

4.误差补偿

在机械结构工作过程中，会由于温度变化、受力、磨损等因素使零部件的形状及相对位置关系发生变化，这些变化也常常是影响机械结构工作精度的原因。温度变化、受力后的变形和磨损等过程都是不可避免的，但是好的结构设计可以减少由于这些因素对工作精度造成的影响。

5.采用误差较小的近似机构

有些应用中为简化机构而采用某些近似机构，这会引入原理误差，在条件允许时优先采用近似性较好的机构可以减小原理误差。

6.零件分割

为保证运动副正常工作，很多运动副（如齿轮、螺旋等）工作表面间需要必要的间隙，但是由于间隙的存在，当运动方向改变时，因工作表面的变换，使得被动零件运动方向的改变滞后于主动零件，产生了回程误差。

回程误差是由间隙引起的，而间隙是运动副正常工作的必要条件，间隙会随着磨损而增大，减小（或消除）运动副的间隙可以减小（或消除）回程误差。

如图7-15所示为车床托板箱进给螺旋传动间隙调整机构。在此结构中，将螺母沿长度方向分割为两部分，当由于磨损使螺纹间隙增大时，可以通过调整两部分螺母之间的轴向距离使其恢复正常的间隙。调整时首先松开图中左侧固定螺钉，拧紧中间的调整螺钉，拉动楔块上移，同时通过斜面推动左侧螺母左移，使螺纹间隙减小，从而减少回程误差。如图7-16所示的螺旋传动间隙弹性调整结构将楔块改为压缩弹簧，可以实时消除螺纹间隙，消除回程误差。将一个零件分割为两部分，通过两部分之间的相对位移可以减小或消除啮合间隙，从而减小或消除回程误差。

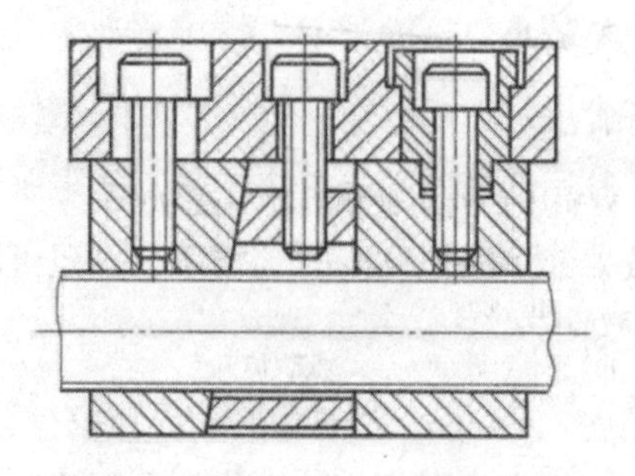

图7-15　螺旋传动间隙调整机构

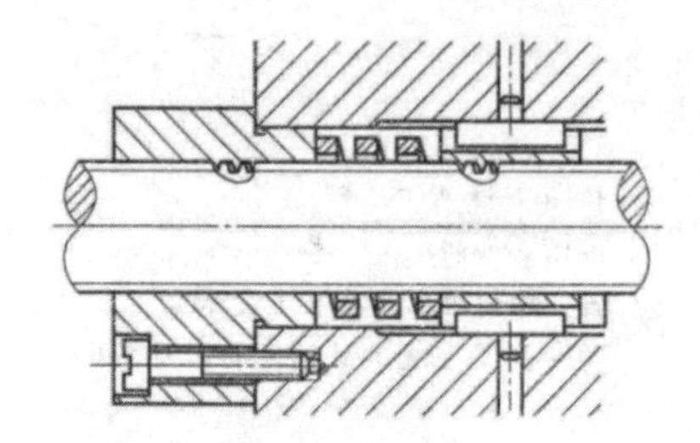

图7-16　螺旋传动间隙弹性调整结构

如图7-17所示为消除齿轮啮合间隙的齿轮结构。结构中将原有齿轮沿宽度方向分割成两半齿轮，两半齿轮可相对转动，两半齿轮通过弹簧连接。由于弹簧的作用，使得两半齿轮分别于相啮合齿轮的不同齿侧相啮合，弹簧的作用是消除啮合间隙，并可以及时补偿由于磨损造成的齿厚变化。这种齿轮传动机构由于实际作用齿宽较小，承载能力较小，通常用于以传递运动为主要目的的齿轮传动装置中。

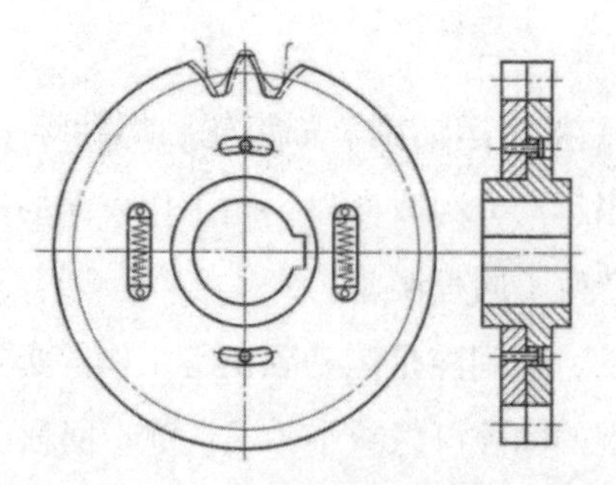

图7-17　消除齿轮啮合间隙结构

（三）提高工艺的设计

设计的结果要通过制造、安装、运输等过程实现，机械设备使用过程中还要多次对其进行维修、调整及操作，正确的结构设计使这些过程可以进行，好的结构设计应使这些过程方便、顺利地进行。

1.方便装卡

大量的零件要经过机械切削加工工艺过程，多数机械切削加工过程首先要对零件进行装卡。结构设计要根据机械切削加工机床的设备特点，为装卡过程提供必要的夹持面，夹持面的形状和位置应使零件在切削力的作用下具有足够的刚度，零件上的被加工面应能够通过尽量少的装卡次数得以完成。如果能够通过一次装卡对零件上的多个相关表面进行加工，这将有效地提高加工效率。

在图7-18所示的顶尖结构中，图7-18（a）所示结构只有两个圆锥表面，用卡盘无法装卡；在图7-18（b）所示的结构中增加了一个圆柱形表面，这个表面在零件工作中不起作用，只是为了实现工艺过程而设置的，这种表面称为工艺表面。

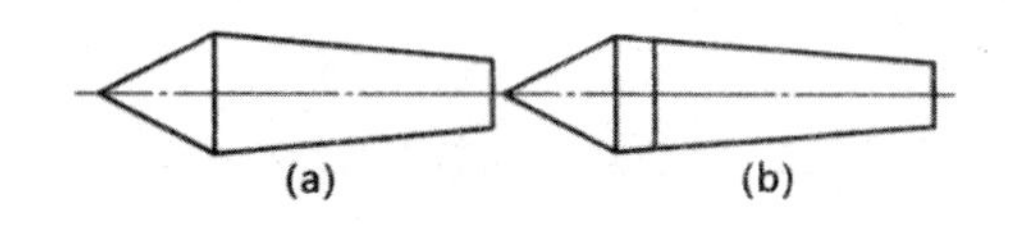

图7–18　顶尖结构

2.方便加工

切削加工所要形成的几何表面的数量、种类越多，加工所需的工作量就越大，结构设计中尽量减少加工表面的数量和种类是一条重要的设计原则。

例如，齿轮箱中同一轴系两端的轴承受力通常不相等，但是如果将两轴承选为不同型号，两轴承孔成为两个不同尺寸的几何表面，加工工作量将加大。为此，通常将轴系两端轴承选为相同型号。如必须将其选为不同尺寸的轴承时可在尺寸较小的轴承外径处加装套杯。

如图7-19（a）所示的箱形结构顶面有两个不平行平面，要通过两次装卡才能完成加工；图7-19（b）将其改为两个平行平面，可以一次装卡完成加工；图7-19（c）将两个平面改为平行而且等高，可以将两个平面作为一个几何要素进行加工。

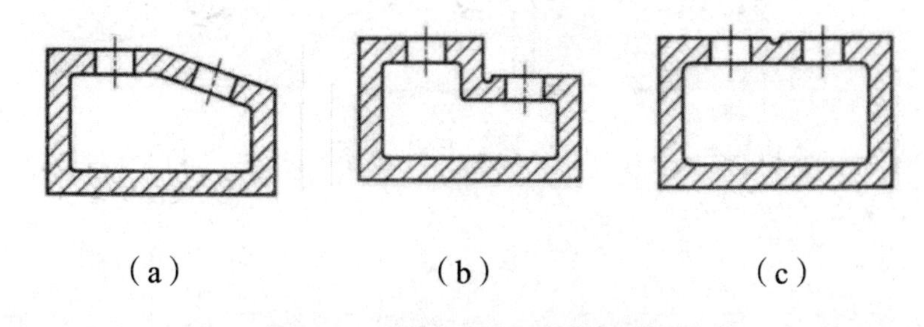

图7–19　减少加工面的种类数量

结构设计中如果为加工过程创造条件，使得某些加工过程可以成组进行，将会明显地提高加工工作效率。如图7-20所示的齿轮结构中，图7-20（a）所示的齿轮结构由于轮毂与轮缘不等宽，如果成组进行滚齿加工则由于零件刚度较差而影响加工质量，如改为图7-20（b）所示的结构，使轮毂与轮缘等宽，则为成组滚齿创造了条件，大大提高了滚齿工作效率。

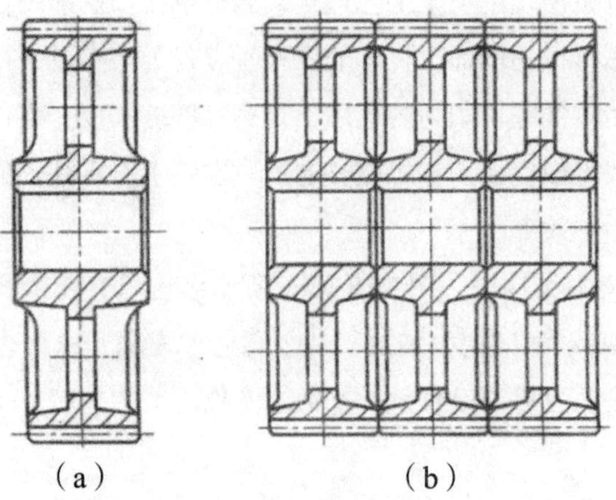

图7-20　使齿轮成组加工的结构设计

3.简化装配、调整和拆卸

加工好的零部件要经过装配才能成为完整的机器，装配的质量直接影响机器设备的运行质量，设计中是否考虑装配过程的需要也直接影响装配工作的难度。

如图7-21（a）所示的滑动轴承右侧有一个与箱体连通的注油孔，如果装配中将滑动轴承的方向装错将会使滑动轴承和与之配合的轴得不到润滑。由于装配中有方向要求，装配人员就必须首先辨别装配方向，然后进行装配，这就增加了装配的工作量和难度。如改为图7-21（b）所示的结构，则零件成为对称结构，虽然不会发生装配错误，但是总有一个孔实际并不起润滑作用。如改为图7-21（c）所示的结构，增加环状储油区，则使所有的油孔都能发挥润滑作用。

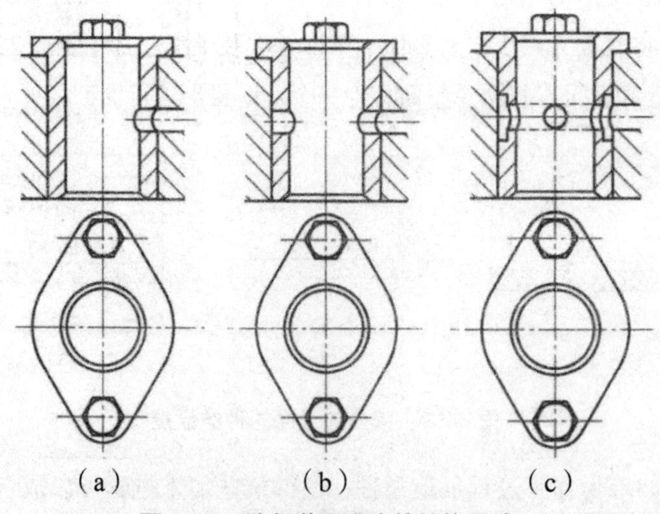

图7-21　降低装配难度的结构设计

随着装配过程自动化程度的提高，越来越多的装配工作应用了装配自动线或装配机器人，这些自动化设备具有很高的工作速度，但是对零件上微小差别的分辨能力比人差很多，这就要求设计人员应减少那些具有微小差别的零件种类，或增加容易识别的明显标志，或将相似零件在可能的情况下消除差别，合并为同一种零件。

在机械设计中很多设计参数是依靠调整过程实现的，当对机器进行维修时要破坏某些经过调整的装配关系，维修后需要重新调整这些参数，这就增加了维修工作的难度。结构设计应减少维修工作中对已有装配关系的破坏，使维修更容易进行。

如图7-22（a）所示轴承座结构的装配关系不独立，更换轴承时不但需要破坏轴承盖与轴承座的装配关系，而且需要破坏轴承座与机体的装配关系。如图7-22（b）所示的结构中轴承座与机体的装配关系和轴承盖与轴承座的装配关系互相独立，更换轴承时不需要破坏轴承座与机体的装配关系。

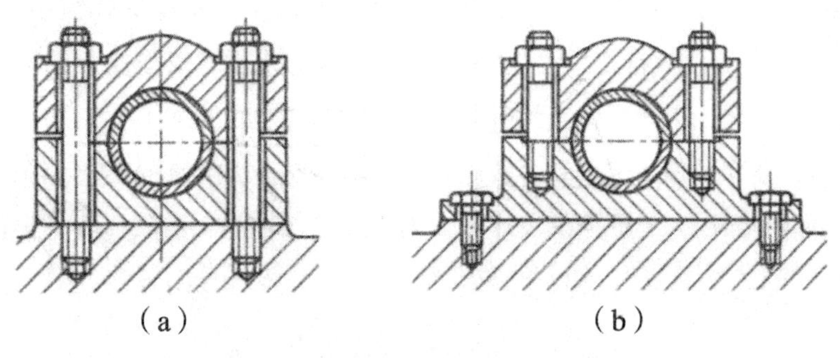

图7-22 装配关系独立的结构设计

机械设备中的某些零部件由于材料或结构的关系使用寿命较低，这些零部件在设备的使用周期内需要多次更换，结构设计中要考虑这些易损零件更换的可能性和方便程度。例如，V带传动中带的设计寿命较低，需要经常更换。V带是无端带，如果将带轮设置在两固定支点间，则每次更换带时都需要拆卸并移动支点，为此通常将带轮设置在轴的悬臂端。如图7-23所示的弹性套柱销联轴器的弹性元件由于使用橡胶材料所以寿命较短，联轴器两端通常连接较大设备，更换弹性元件时很难移动这些设备，结构设计时应为弹性元件的拆卸和装配留有必要的空间。

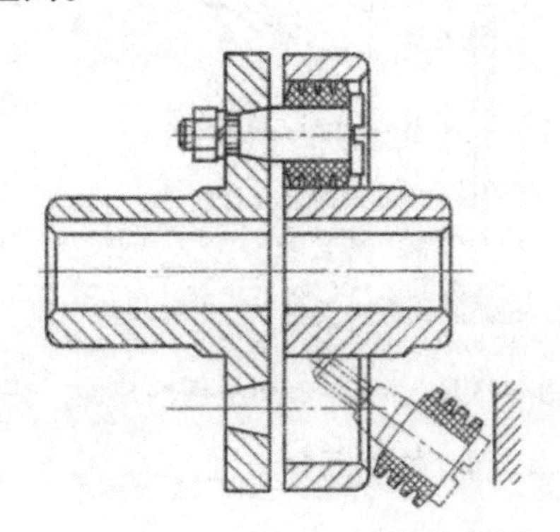

图7-23 弹性套柱销联轴器

三、适应材料性能的创新设计

结构形状要有利于材料性能的发挥。零件材料一般有金属材料、非金属材料；金属材料又包括有色金属材料与黑色金属材料；非金属材料常用的有塑料、橡胶、陶瓷及复合材料。材料的性能主要包括硬度、强度、刚度、耐磨性、磨合性、耐腐蚀性、传导性（导电、导热）等。零件结构形状设计应利用材料的长处，避免其短处，或者采用不同材料的组合结构，使各种材料性能得以互补。

（一）扬长避短

铸铁的抗压强度比抗拉强度高得多，铸铁机座的肋板要设计成承受压力状态，以充分发挥其优势。陶瓷材料承受局部集中载荷的能力差，在与金属件的连接中，应避免其弱点。塑料是常用的工业材料之一，它重量轻，成本低，能制成很复杂的形状，但塑料强度、刚度低，易老化。用塑料做连接件要避免尖锐的棱角，因棱角处有应力集中，而塑料强度又低，所以很容易破坏。塑料螺纹的形状一般优先采用圆形或梯形，避免三角形。或者可以利用塑料的弹性，不采用螺纹连接，而采用简单的结构形状连接与定位。

（二）性能互补

刚性与柔性材料合理搭配，在刚性部件中对某些零件赋予柔性，使其能用接触时的变形来补偿工作表面几何形状的误差。如图7-24所示的滚动轴承，将其外圈2装在弹性座圈4上，4与外套3粘在一起。为防止2相对4轴向移动，在4的两边做有凸起A，4上每边还有3个凸起5，它们相互错开60°。4上沿宽度方向设有槽*a*。当轴承承受径向载荷时，槽就被变形的材料填满。这种轴承可以补偿安装变形，补偿轴向位移，补偿角度位移，减少振动与噪声，延长使用寿命。

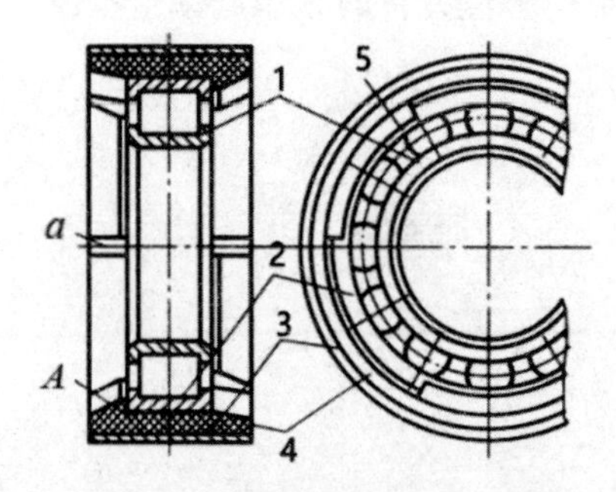

1—内圈；2—外圈；3—外套；4—弹性座圈；5—凸起

图7-24　带弹性外圈的滚子轴承

对于两刚性元件的相对线性或角度位移量不大，容易处在边界摩擦状态下的连接，可在两个刚性元件之间加一个弹性元件，将两个刚性元件黏接在一起，用弹性元件变形时的内摩擦代替连接的滑动摩擦或滚动摩擦。如图7-25所示的轴4上压配有套筒2，4与3之间只有摆动，若采用普通链接，需要润滑，而且有磨损。当在中间粘有弹性套筒2后，不但省去润滑与密封，也消除了磨损，提高了可靠性、抗冲击能力，减轻了重量，减少了振动与噪声。

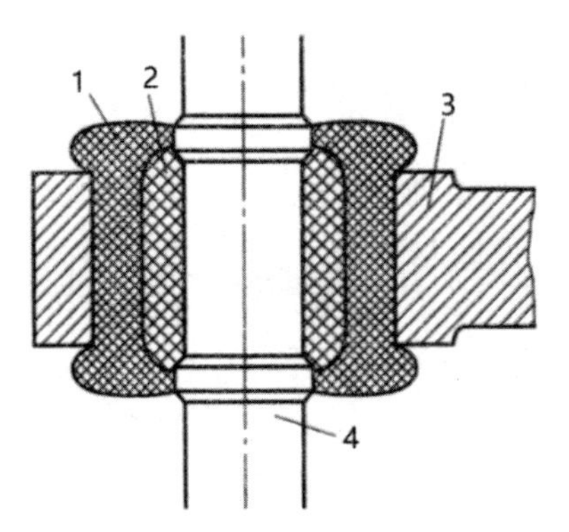

1—外套衬；2—套筒；3—外套；4—轴

图7–25　带弹性元件的铰链

为提高零件的耐磨性，常采用铜合金、白合金等耐磨性能好的材料，但它们均属于有色金属，价格昂贵，而且强度较低。因此，结构设计时，采用只有接近工作面的部分使用有色金属。如蜗轮轮缘用铜合金，轮芯用铸铁或钢；滑动轴承座用铸铁或钢，用铜合金做轴瓦；并且轴瓦表面贴附的白合金厚度不用太厚，因白合金强度差，易产生疲劳裂纹，使轴瓦失效。

（三）结构形状变异

运用不同的材料，往往同时伴随着零部件结构形状的变异。如图7-26所示的三种夹子，分别采用木材［见图7-26（a）］、金属［见图7-26（c）］、塑料［见图7-26（b）］，同时伴随着结构形状的变异。

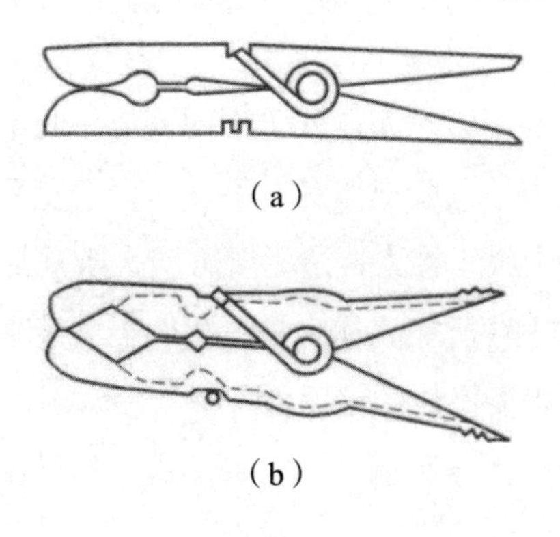

（a）

（b）

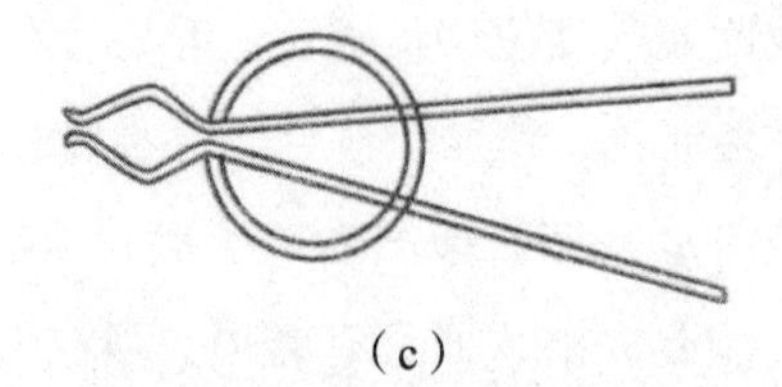

（c）

图7-26　夹子的结构形状变异

四、结构的宜人化设计

（一）适合人的生理特点的结构设计

人在对机械的操作中通过肌肉发力对机械做功，通过正确的结构设计使操作者在操作中不容易疲劳，是其连续正确操作的重要前提条件。

1.减少疲劳的设计

人体在操作中靠肌肉的收缩对外做功，做功所需的能量物质（糖和氧）要依靠血液输送到肌肉。如果血液不能输送足够的氧，则糖会在无氧或缺氧的状态下进行不完全分解，不但释放出的能量少，而且会产生代谢中间产物——乳酸。乳酸不易排泄，乳酸在肌肉中的积累会引起肌肉疲劳、肿痛、反应迟钝。长期使某些肌肉处于这种工作状态会对肌肉、肌腱、关节及相邻组织造成永久性损害，机械设计应避免使操作者在这样的状态下工作。

当操作人员长时间保持某一种姿势时，身体的某些肌肉长期处于收缩状态，肌肉压迫血管使血液流通受阻，血液不能为肌肉输送足够的氧，肌肉的这种工作状态称为静态肌肉施力状态。设计与操作有关的结构时应考虑操作者的肌肉受力状态，尽力避免使肌肉处于静态肌肉施力状态。

试验证明，人在静态施力状态下能够持续工作的时间与施力大小有关。当以最大能力施力时肌肉的供血几乎中断，施力只能持续几秒钟。随着施力的减小能够持续工作的时间加长。当施力大小等于最大施力值的15%时血液流通基本正常，施力时间可持续很长而不疲劳，等于最大施力值15%的施力称为静态施力极限。当某些操作中静态施力状态不可避免时，应限制静态施力值不超过静态施力极限。

2.容易发力的设计

操作者在操作机器时需要用力，人在处于不同姿势、向不同方向用力时发力能力差别很大。试验表明，人手臂发力的一般规律是右手发力大于左手，向下发力大于向上发力，向内发力大于向外发力，拉力大于推力，沿手臂方向大于垂直手臂方向。

人以站立姿势操作时，手臂所能施加的操纵力明显大于坐姿，但是长时间站立容易疲劳，站立操作的动作精度比坐姿操作的精度低。

人脚在不同方向上的操纵力分布也不同。脚能提供的操纵力远大于手臂的操纵力，脚所能产生的最大操纵力与脚的位置、姿势和施力方向有关，脚的施力方向通常为压力，脚不适于做频率高或精度高的操作。

综合以上分析，在设计需要人操作的机器时，首先要选择操作者的操作姿势，一般优先选择坐姿，特别是动作频率高、精度高、动作幅度小的操作，或需要手脚并用的操作。当需要施加较大的操纵力，或需要的操作动作范围较大，或因操作空间狭小，无容膝空间时可以选择立姿。操纵力的施加方向应选择人容易发力的方向。施力的方式应避免使操作者长时间保持一种姿势，当操作者必须以不平衡姿势进行操作时应为操作者设置辅助支撑物。

（二）适合人的心理特点的结构设计

对复杂机械设备，操作者要根据设备的运行状况随时对其进行调整，操作者对设备工作情况的正确判断是进行正确调整的基本条件之一。

1.减少观察错误的设计

在由人和机器组成的系统中人起着对系统的工作状况进行调节的“调节器”作用，人的正确调节来源于人对机器工作情况的正确了解和判断，所以在人—机系统设计中使操作者能够及时、正确、全面地了解机器的工作状况是非常重要的。

操作者了解机器的工作情况主要通过机器上设置的各种显示装置（显示器），其中使用最多的是作用于人的视觉显示器，其中又以显示仪表应用最为广泛。

在显示仪表的设计中应使操作者观察方便，观察后容易正确地理解仪表显示的内容，这要通过正确地选择仪表的显示形式、仪表的刻度分布、仪表的摆放位置以及多个仪表的组合实现。

选择显示器形式主要依据显示器的功能特点和人的视觉特性，人在认读不同形式的显示器时正确认读的概率差别较大。通常在同一应用场合应选用同一形式的仪表，同样的刻度排列方向，以减少操作者的认读障碍。仪表的刻度排列方向应符合操作者的认读习惯，圆形和半圆形应以顺时针方向为刻度值增大方向，垂直秩序应该从下到上为刻度增大方向。

2.减少操作错误的设计

人在了解机器工作状况的前提下通过操作对机器的工作进行必要的调整，使其在更符合操作者意图的状态下工作。人通过控制器对机器进行调整，通过反馈信息了解调整的效果。控制器的设计应使操作者在较少视觉帮助或无视觉帮助下能够迅速准确地分辨出所需的控制器，在正确了解机器工作状况的基础上对机器做出适当的调整。

首先应使操作者分辨出所需的控制器。在机器拥有多个控制器时要使操作者迅速准确地分辨出不同的控制器就要使不同的控制器的某些属性具有明显的差别。常被用来区别不同控制器的属性有形状、尺寸、位置、质地等，控制器手柄的不同形状常被用来区别不同的控制器。由于触觉的分辨能力差，不易分辨细微差别，所以形状编码应使不同形状差别明显，各种形状不宜过分复杂。

通过控制器的大小来分辨不同的控制器也是一种常用的方法。为能准确地分辨出不同的控制器，应使不同的控制器之间的尺寸差别足够明显。试验表明，旋钮直径差为12.5mm、厚度差为10mm时，人能够通过触觉准确地分辨。

通过控制器所在的位置分辨不同控制器的方法是一种非常有效的方法。控制器的操作应有一定的阻力，操作阻力可以为操作过程提供反馈信息，提高操作过程的稳定性和准确性，并可防止因无意碰撞引起的错误操作。操作阻力的大小应根据控制器的类型、位置、施力方向及使用频率等因素合理选择。

为减少操作错误，控制器的设计还要考虑与显示器的关系。通常控制器与显示器配合使用，控制器与所对应的显示器的位置关系应使操作者容易辨认。有人进行过这样的实验，在灶台上放置4副灶具，在控制面板上并排放置4个灶具开关，当灶具与开关以不同方式摆放时使用者出现操作错误的次数有明显差别。根据控制器与显示器位置一致的原则，控制器与相应的显示器应尽量靠近，并将控制器放置在显示器的下方或右方。控制器的运动方向与相对应的显示器的指针运动方向的关系应符合人的习惯模式，通常旋钮以顺时针方向调整操作应使仪表向数字增大方向变化。

五、模块拼接的结构设计

在结构创新过程中，通常先有一个构思雏形，然后再把这个构思用实物表现出来。对于很多构件或构件组合，若加工成实物，费用较高，所以用模块拼接的方法来构成实物，不失为一种简洁经济的结构创新方法。

在儿童玩具的插接积木中就体现了模块拼接法的思想内涵。某种插接积木的基本插件可以进行多方位的插接，形成不同功能的创意玩具。

第二节　机械传动的创新设计

传动装置是一种在距离间传递能量并兼实现某些其他作用的装置。这些作用是：①能量的分配；②转速的改变；③运动形式的改变（如回转运动改变为往复运动）等。

机器中之所以要采用传动装置是因为：①工作机构所要求的速度、转矩或力，通常与动力机不一致；②工作机构常要求改变速度，用调节动力机速度的方法来达到这一目的往往很不经济；③动力机的输出轴一般只做等速回转运动，而工作机构往往需要多样的运动，如螺旋运动、直线运动或间歇运动等；④一个动力轴有时要带动若干个运动形式和速度都不同的工作机构。

传动装置是大多数机器的主要组成部分。例如，在汽车中，制造传动部件所花费的劳动量约占制造整个汽车的50%，而在金属切削机床中则占60%以上。

一、传动类型分析

传动分为机械传动、流体传动和电传动三类。在机械传动和流体传动中，输入的是机械能，输出的仍是机械能；在电传动中，则把电能变为机械能或把机械能变为电能。

机械传动分为啮合传动和摩擦传动；流体传动分为液压传动和气压传动。

二、各种传动创新设计实例分析

（一）齿轮传动

1.行星齿轮传动

常见的齿轮传动装置中，齿轮的轴线一般是固定的，而行星齿轮传动装置中（如图7-27和图7-28所示，通常称为行星轮系），存在着轴线不固定的齿轮2，它绕自身几何轴线O_2转动，又绕固定的几何轴线O_1转动，如同自然界的行星一样，即有自转又有公转，因此齿轮2称为行星轮，齿轮1和齿轮3的几何轴线固定不动，称为太阳轮，支持行星轮做自转和公转的构件H称为行星架。

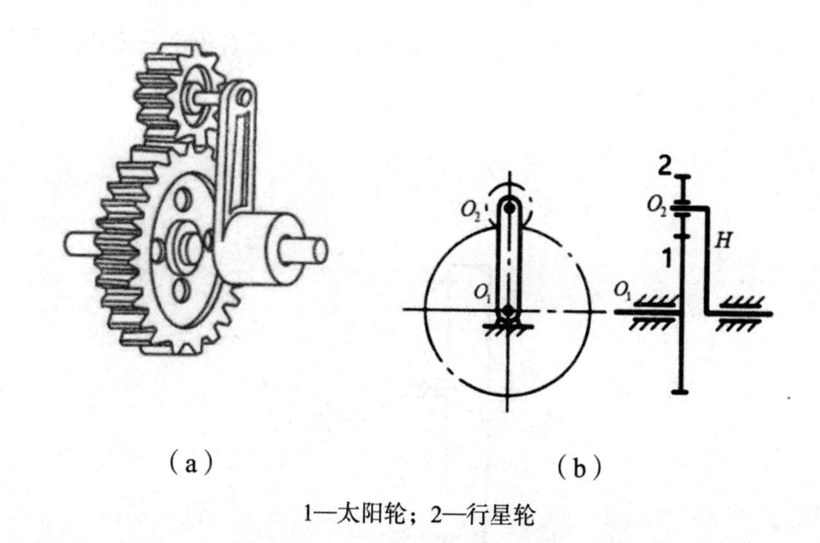

1—太阳轮；2—行星轮

图7-27　一个太阳轮的行星轮系

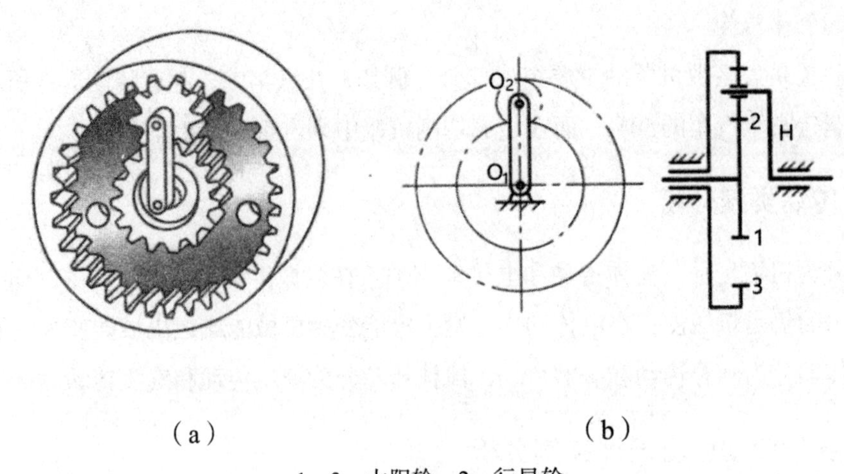

1、3—太阳轮；2—行星轮

图7-28　两个太阳轮的行星轮系

行星轮系可实现大的传动比，结构紧凑；利用行星轮系可实现运动的合成与分解，汽车差速器中的行星轮系可以实现左右车轮转速不同的运动合成与分解。传动相同，但其齿轮是采用摆线作为齿廓。

2.渐开线少齿差行星齿轮传动装置

如图7-29所示为渐开线少齿差行星轮系。它主要由固定的太阳轮1、行星轮2、行星架H（输入端）、输出轴V及等速比机构W组成。当行星架H高速转动时，行星轮2便做平面回转运动，即一方面绕轴线O_2做公转，一方面又绕其自身轴线O_1做反方向自转，通过等速比机构W将行星轮的转运动同步传给输出轴V。利用周转轮系传动比计算公式可以求得该装置的传动比为

$$i_{H2}=\frac{z_2}{z_1-z_2}$$

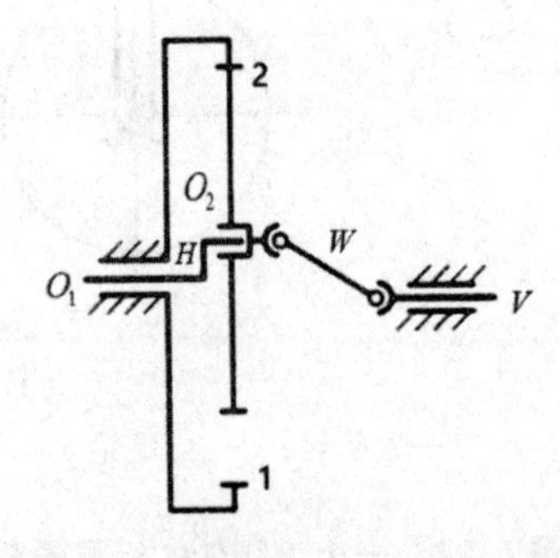

1—太阳轮；2—行星轮

图7-29　渐开线少齿差行星轮系

由上式可知，太阳轮1与行星轮2齿数差越少，传动比i_{H2}越大。通常，齿数差为1～4，所以称为少齿差行星齿轮传动。

等速比机构W可以采用双万向节、十字滑块联轴器以及销孔式输出机构等。如图7-30所示为少齿差行星齿轮传动结构示意图。少齿差行星传动虽然传动比大，但同时啮合的齿数少，承载能力较低，且齿轮必须采用变位齿轮，计算比较复杂。此外，其径向受力也较大。

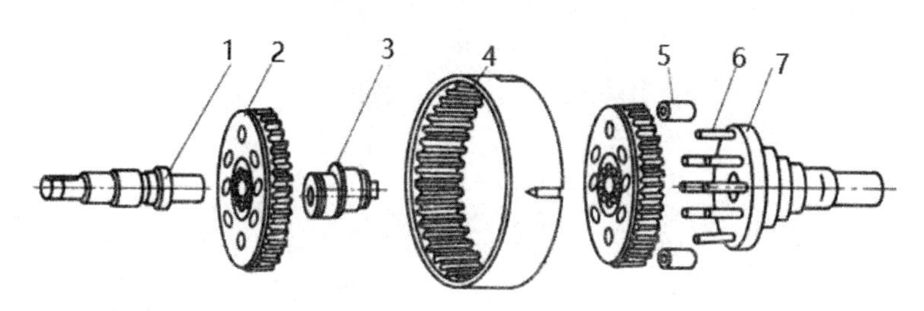

1—输入轴；2—行星轮；3—偏心轴；4—内齿轮；5—销轴套；6—销轴；7—输出轴

图7-30　渐开线少齿差行星齿轮传动结构示意图

3.摆线针轮行星传动装置

摆线针轮传动是针对渐开线少齿差行星传动的主要缺点而改进发展起来的一种比较新型的传动。摆线针轮行星传动的减速原理、输出机构的形式均与渐开线少齿差行星传动相同，但其齿轮是采用摆线作为齿廓，其机构运动简图如图7-31所示。太阳轮1为针轮（针轮轮齿为带有滚动销套的圆柱销）固定在机壳上；行星轮2的齿轮为摆线齿轮。两轮的齿数相差1，该传动装置的传动比为

$$i_{H2}=\frac{z_2}{z_1-z_2}$$

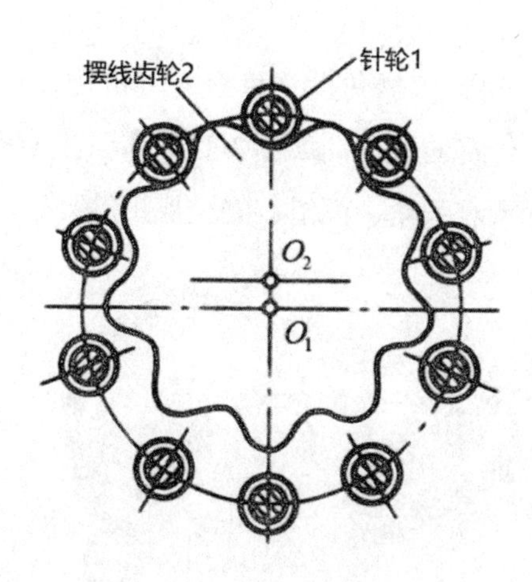

图7-31　摆线针轮行星传动

4.牵引驱动增速装置

将图7-28所示齿轮变成无齿的摩擦轮，便形成了图7-32所示的牵引驱动传动装置，即用特殊牵引剂驱动的湿摩擦传动装置（也称化学齿轮），并将其用于机床刀柄的增速。

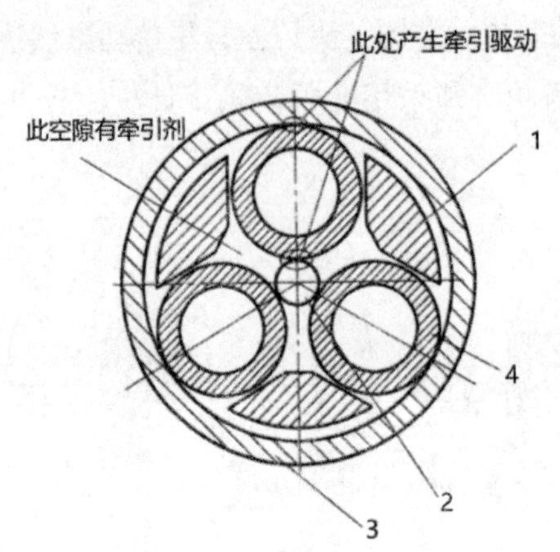

1—输入轴（莫氏锥）；2—输出轴；3—外套；4—行星轮

图7-32　牵引驱动增速刀柄原理图

该增速刀柄考虑到通用性，采用将牵引驱动和标准的BT系列莫氏锥柄结合，在莫氏锥柄的中间部分加了牵引驱动增速装置，莫氏锥柄就是图7-32所示的件1，即行星架，刀具轴即图中的件2太阳轮，行星架输入运动，太阳轮2输出运动，通过这一结构，便可以将机床主轴输入转速增大8倍传递给刀具，实现了在一次装夹工件中完成从粗加工到高精加工的全部过程，减少了辅助工时，丰富了普通数控机床和加工中心的刀库，可以在铣床上实现磨削，尤其是异形面的磨削，从而实现以铣代磨。应用于磨具系统的精加工，不但可以大大提高工件的加工精度和表面质量，降低生产成本，还可大大提高生产效率。

（二）链传动

链条是人们很熟悉的常用的机械传动构件之一。链传动作为有中间挠性件的机械传动，其应用历史十分悠久，传统的链传动如图7-33所示，主要由链条和主动轮、从动轮组成。实际应用场合往往还配置有张紧、润滑、安全保护等装置。

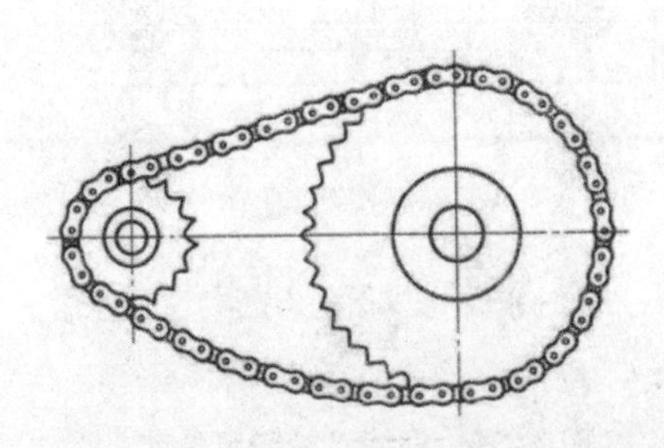

图7-33　链传动

实际上，链条作为机构元件应用，有着很广阔的发展空间，如能突破传统的结构形式，可充分发挥链传动的优势，推动含有链条这种挠性结构元件的创新设计。

链传动的传统模式是一根链条包绕在链轮上，用来把主动轴的回转运动（动力）传递到从动轴上。那么能否突破这种模式，由主动链轮驱动安放在轨道里的链条，由链条的链节或输出机构输出复杂轨迹的运动，开创链传动新的应用领域？能否打破习惯上把链条局限在传动元件或输送元件的范围内研究的局限性，把链条这一特殊的机械挠性件看作机械元件来研究？

1. 导轨链传动

把传动链装入一定几何形状的导轨中，再配上与之相啮合的链条作为主动轮，组成导轨链传动。主动轮可以做内啮合布置（见图7-33），还可以做外啮合布置（见图7-34）。

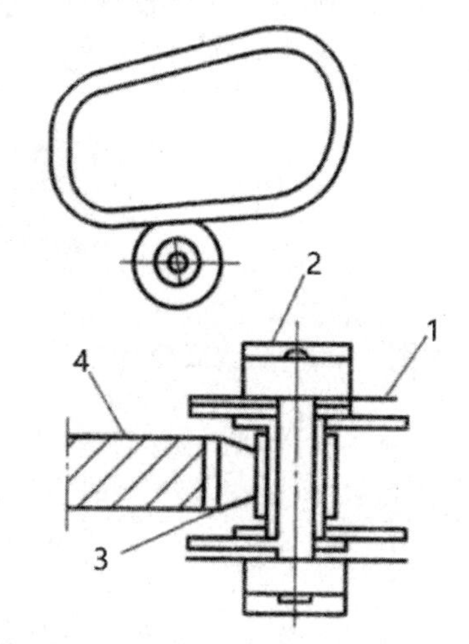

1—导轨；2—滚轮；3—滚子；4—链轮

图7–34　导轨链传动

由图7-34可知，销轴的两端装有滚轮2，滚轮2与导轨1配合，以保证链条有与导轨相同的几何轨迹，链轮4仍与滚子3啮合。其滚子链条是在标准滚子链结构上派生出来的，是一种延长销轴滚子链。导轨链传动中没有从动轮，其运动输出直接利用链条本身就能够得到各种几何形状的仿形运动，如将导轨链传动设计成各种输出机构，则可以实现给定的各种复杂规律（包括运动轨迹变化和速度变化）的运动输出。

导轨链传动的运动输出机构很多，有如图7-35所示的直接利用链条本身输出运动的机构。这种结构的导轨链传动，在要求做长冲程的直线往复运动时有很大的优越性。如在石油行业的采油作业中，就采用了含导轨链传动的新式抽油机。

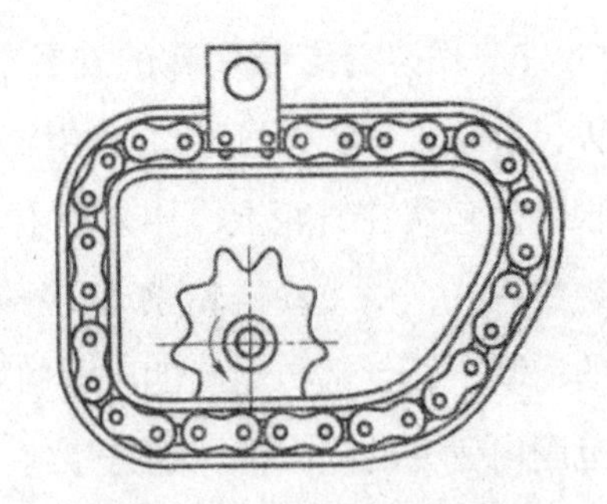

图7-35 链条作为运动输出部件

2.非圆链传动

在传统的链传动基础上，把一个链轮（也可以是两个链轮）换成非圆链轮，则可组成如图7-36所示的非圆链轮（椭圆链轮）传动。非圆链轮传动是一种变速链传动，可把做匀速回转的主动轮的运动变成按某种规律变速回转的从动轮的运动。

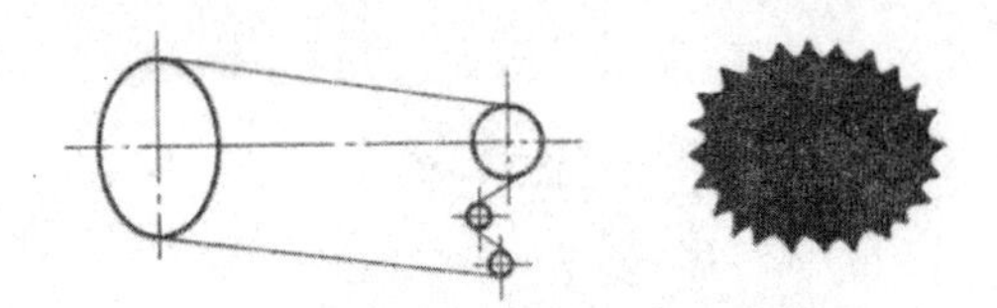

图7-36 非圆链轮传动

非圆链轮可视需要设计与加工成各种形状，如把自行车中的大链轮改为非圆链轮，可使骑车者在某一区域感到轻松与省力。

3.链条齿圈传动

链条齿圈传动的结构如图7-37所示，链条齿圈是传动链围在大直径圆筒上并予以固定后组成，该传动宜在大直径圆柱体做低速回转的机械上采用，具有良好的经济性。

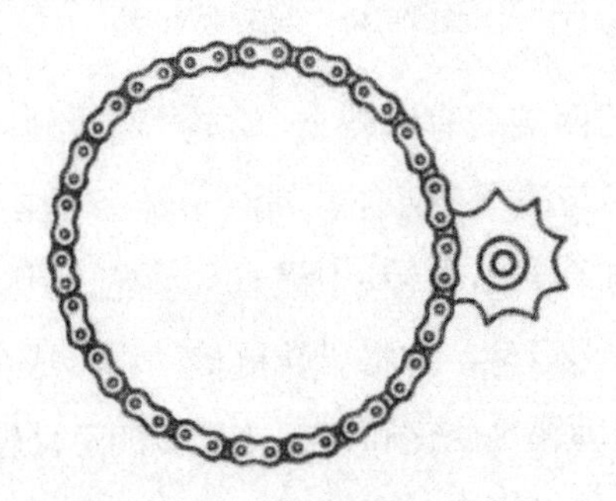

图7-37 链条齿圈传动

（三）液力耦合器和液力变矩器

图7-38是液力耦合器的工作原理简图。液力耦合器中，输入轴、泵轮与壳体焊接在一起，是耦合器的主动部分；涡轮和输出轴连接在一起，是液力耦合器的从动部分。在泵轮

和涡轮上设有径向排列的叶片，泵轮和涡轮两者之间有一定的间隙，在它们中间内充满了液压油。当耦合器的壳体和泵轮转动时，泵轮叶片内的液压油也随之一同旋转，在离心力的作用下，液压油被甩向泵轮叶片外缘，并冲击涡轮叶片，使涡轮旋转。然后液压油又沿涡轮叶片向内流动，返回泵轮的内缘，就这样形成液压油的循环流动。根据作用力、反作用力原理，输入轴的转矩就以液压油为传递介质从泵轮传递到涡轮，这一传递是等转矩的但也是柔性（容许相对滑移）的。显然，液力耦合器在正常工作时，涡轮的转速必然小于泵轮的转速，因此其传动效率永远达不到100%。

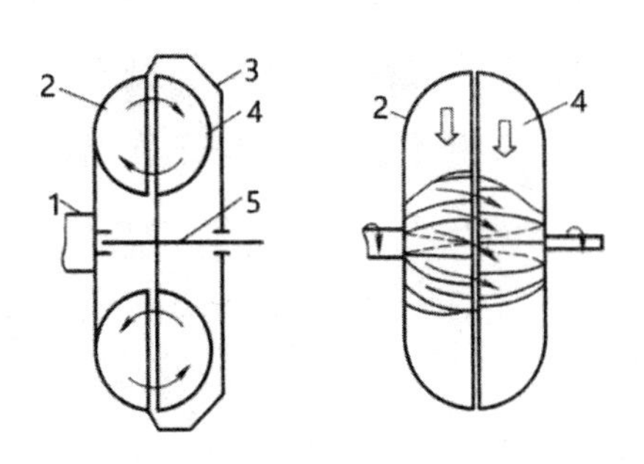

1—输入轴；2—泵轮；3—耦合器壳体；4—涡轮；5—输出轴

图7–38　液力耦合器

液力变矩器结构如图7-39所示。液力变矩器工作时，泵轮、涡轮之间的液流关系与液力耦合器类似，但在它们中间多了一个导轮，导轮与变矩器的输出轴固定在一起。导轮与泵轮和涡轮都保持一定的间隙，它使液流在循环过程中接受导向，由于从涡轮叶片下缘流向导轮的液压油仍有相当大的冲击力，只要将泵轮、涡轮和导轮的叶片形状和角度设计得合理，就可以利用该冲击力增大涡轮的输出转矩、提高变矩器的工作效率。

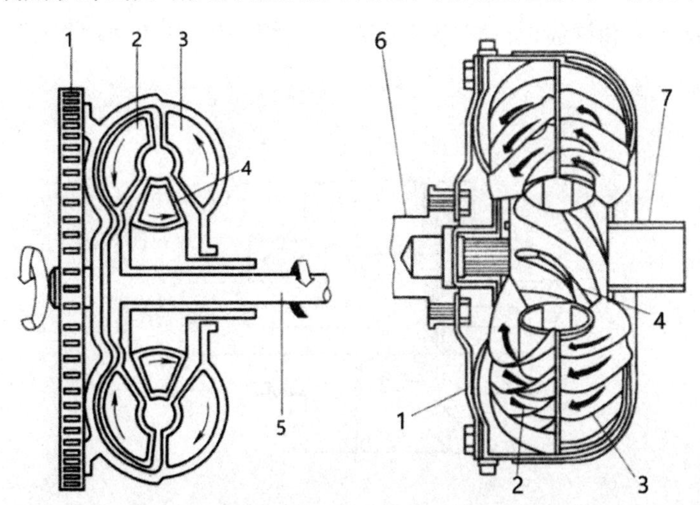

1—输入轮；2—涡轮；3—泵轮；4—导轮；5—输出轴；6—曲轴；7—导轮固定套

图7–39　液力变矩器

综合式液力变矩器综合利用了液力耦合器和液力变矩器的优点。它的导轮不是与输出轴固定在一起，而是通过单向超越离合器与固定于变速器壳体的导轮固定套相联系，该单向超越离合器使导轮只可以朝输出轴运行的方向旋转，不能反向旋转。

当涡轮转速较低时，从涡轮流出的液压油从正面冲击导轮叶片，由于单向超越离合器的锁止作用，将导轮锁止，则导轮固定不动，这时该变矩器的工作特性和液力变矩器相同，具有一定的增变作用。当涡轮转速增大到液压油将从反面冲击导轮时，由于单向超越离合器的超越作用，导轮在液压油的冲击作用下自由旋转，这时变矩器不起增变作用。其工作特性和液力耦合器相同，传动效率较高。因此，这种变矩器既利用了液力变矩器在涡轮转速较低时所具有的增变特性，又利用了液力耦合器在涡轮转速较高时所具有的高传动效率的特性。

（四）离合器

联轴器是将轴与轴（或轴与旋转零件）连成一体，使其一同运转并实现转矩的传递联轴器在运转时两轴不能分离，必须停车后，经过拆卸才能分离。为了实现在运转时两轴能够随时分离与连接，人们设计制造了离合器。

1. 牙嵌离合器

牙嵌离合器如图7-40所示，它是利用两个半离合器1、2组成，通过啮合的齿来传递转矩。其中半离合器1固装在主动轴上，而半离合器2则利用导向平键安装在从动轴上，沿轴线移动。工作时利用操纵杆（图中未画出）带动滑环3，使半离合器2做轴向移动，从而实现离合器的接合或分离。牙嵌离合器的齿形有三角形、梯形和锯齿形。三角形齿传递中、小转矩，梯形齿和锯齿形齿传递较大转矩。梯形齿有补偿磨损作用，锯齿形齿只能单向传动。

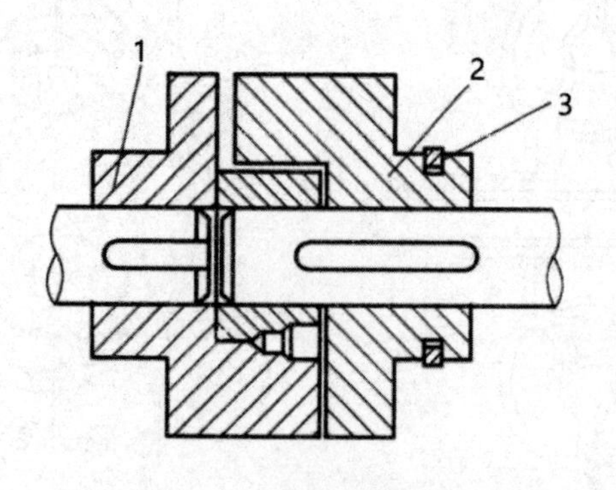

1、2—半离合器；3—滑环

图7-40　牙嵌离合器

牙嵌离合器结构简单，尺寸小，工作时无滑动，并能传递较大的转矩，故应用较多；其缺点是运转中接合时有冲击和噪声，必须在两轴转速差很小或停车时进行接合或分离。

2.摩擦离合器

摩擦离合器可分为单盘式、多盘式和圆锥式三类，这里只简单介绍前两种。

（1）单盘式摩擦离合器

如图7-41所示，单盘式摩擦离合器由两个半离合器1、2组成。工作时两离合器相互压紧，靠接触面间产生的摩擦力来传递转矩，其接触面可以是平面。对于同样大小的压紧力，锥面能传递更大的转矩。半离合器1固装在主动轴上，半离合器2利用导向平键（或花键）安装在从动轴上，通过操纵杆和滑环3使其在轴上移动，从而实现接合和分离。

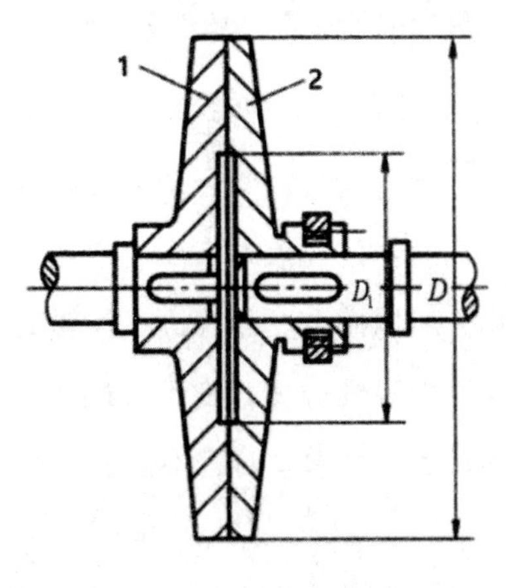

1、2—半离合器

图7–41　单盘式摩擦离合器

这种离合器结构简单，但传递的转矩较小。实际生产中常用多盘式摩擦离合器。

（2）多盘式摩擦离合器

如图7-42所示，多盘式摩擦离合器由外摩擦片5、内摩擦片6和主动轴套筒2、从动轴套筒4组成。主动轴套筒用平键（或花键）安装在主动轴1上，从动轴套筒与从动轴3之间为动连接。当操纵杆拨动滑环7向左移动时，通过安装在从动轴套筒上杠杆8的作用，使内、外摩擦盘压紧并产生摩擦力，使主、从动轴一起转动；当滑环向右移动时，则使两组摩擦片放松，从而主、从动轴分离。压紧力的大小可通过从动轴套筒上的调节螺母来控制。

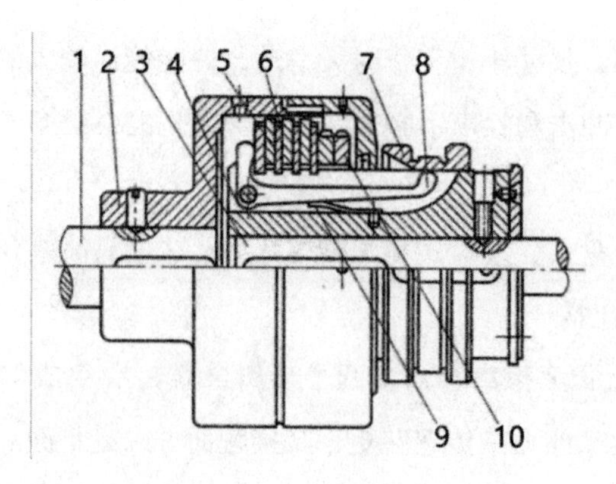

1—主动轴；2—主动轴套筒；3—从动轴；4—从动轴套筒；5—外摩擦片

6—内摩擦片；7—滑环；8—杠杆；9—弹簧片；10—调节螺母

图7-42　多盘式摩擦离合器

多盘式离合器的优点是径向尺寸小而承载能力大，连接平稳，因此适用的载荷范围大，应用较广。其缺点是盘数多，结构复杂，离合动作缓慢，发热、磨损较严重。

与牙嵌式离合器比较，摩擦离合器的优点是：①可以在被连接两轴转速相差较大时接合；②接合和分离的过程较平稳，可以用改变摩擦面上压紧力大小的方法调节从动轴的加速过程；③过载时的打滑可避免其他零件损坏。由于上述优点，摩擦离合器应用较广。其缺点是：结构较复杂，成本较高；当产生滑动时，不能保证被连接两轴精确地同步转动。

3. 自动离合器

除常用的操纵式离合器外，还有自动式离合器。自动式离合器有控制转矩的安全离合器，有控制旋转方向的定向离合器，有根据转速变化的自动离合的离心式离合器。自动离合器是一种能根据机器运转参数（如转矩、转速或转向）的变化而自动完成接合与分离动作的离合器。

定向离合器只能传递单向转矩，反向时能自动分离。锯齿形牙嵌离合器，就是一种定向离合器，它只能单方向传递转矩，反向时会自动分离。这种利用齿的嵌合的定向离合器，空程时（分离状态运转）噪声大，故只宜用于低速场合。在高速情况下，可用摩擦式定向离合器，其中应用较为广泛的是滚柱式定向离合器（见图7-43）。它主要由星轮1、外圈2、弹簧顶杆4和滚柱3组成。弹簧的作用是将滚柱压向星轮的楔形槽内，使滚柱与星轮、外圈相接触。

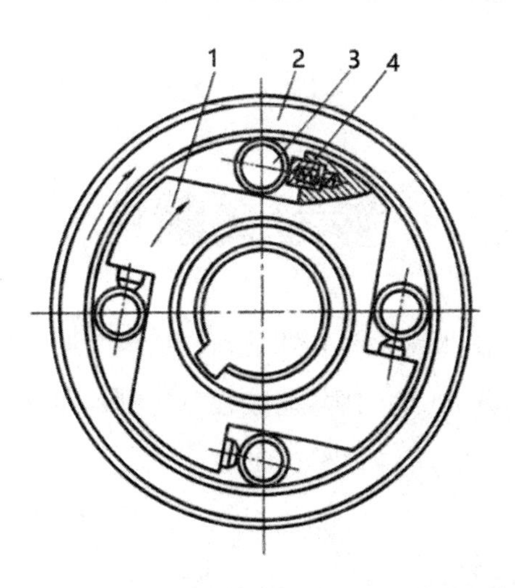

1—星轮；2—外圈；3—滚柱；4—弹簧顶杆

图7-43　滚柱式定向离合器

星轮和外圈均可作为主动轮。当星轮为主动件并按图示方向旋转时，滚柱受摩擦力的作用被揳紧在槽内，因而带动外圈一起转动，这时离合器处于接合状态。当星轮反转时，滚柱受到摩擦力的作用，被推到槽中较宽的部分，不再揳紧在槽内，这时离合器处于分离状态。

如果星轮仍按图示方向旋转，而外圈还能从另一条运动链获得与星轮转向相同但转速较大的运动时，按相对运动原理，离合器将处于分离状态。此时星轮和外圈互不相干，各自以不同的转速转动。所以，这种离合器又称为自由行走离合器。又由于它的接合和分离与星轮和外圈之间的转速差有关，因此也称超越离合器。

在汽车的启动机中，装上这种定向离合器，启动时电动机通过定向离合器的外圈（此时外圈转向与图中所示相反）、滚柱、星轮带动发动机；当发动机发动以后，反过来带动星轮，使其获得与外圈转向相同但转速较大的运动，使离合器处于分离状态，以避免发动机带动启动电动机超速旋转。

定向离合器常用于汽车、拖拉机和机床等设备中。

参考文献

[1] 薛龙，王伟，曹莹瑜.机电系统设计[M].北京：机械工业出版社，2022.

[2] 李安生，郭志强，李彦彦.机械原理实验教程[M].2版.北京：机械工业出版社，2022.

[3] 吴晓明.液压多路阀原理及应用实例[M].北京：机械工业出版社，2022.

[4] 程志红，王洪欣.十三五江苏省高学校重点教材：机械原理与设计实验教程[M].徐州：中国矿业大学出版社，2022.

[5] 马晋芳，乔宁宁.金属材料与机械制造工艺[M].长春：吉林科学技术出版社，2022.

[6] 敖宏瑞，丁刚，闫辉.机械设计基础[M].6版.哈尔滨：哈尔滨工业大学出版社，2022.

[7] 陈爱荣.机械制造技术[M].3版.北京：北京理工大学出版社，2022.

[8] 刘演冰.机械原理与机械设计考研宝典[M].武汉：华中科学技术大学出版社，2022.

[9] 张春林，赵自强.机械创新设计[M].4版.北京：机械工业出版社，2021.

[10] 莫富灏，胡小舟.机械原理[M].2版.长沙：湖南大学出版社，2021.

[11] 闫辉，焦映厚.机械原理考研指导及实战训练[M].哈尔滨：哈尔滨工业大学出版社，2021.

[12] 杨家军，程远雄，许剑锋.机械原理[M].3版.武汉：华中科技大学出版社，2021.

[13] 喻洪平.机械制造技术基础[M].重庆：重庆大学出版社，2021.

[14] 林江.机械制造基础[M].2版.北京：机械工业出版社，2021.

[15] 史瑞东.机械考研宝典：机械原理[M].北京：北京理工大学出版社，2021.

[16] 马立峰.轧钢机械设计（上）[M].2版.北京：冶金工业出版社，2021.

[17] 周淑霞，隋荣娟，李曰阳.机械原理及机械设计实验[M].北京：机械工业出版社，2021.

[18] 刘兰.全国高院校机械类专业“十四五”规划教材：机械原理与机械设计实验指导[M].武汉：华中科学技术大学出版社，2020.

[19] 闻邦椿，刘树英，张学良.振动机械创新设计理论与方法[M].北京: 机械工业出版社，2020.

[20] 邵建雄，梁波，王华军.水力机械[M].武汉：长江出版社，2020.

[21] 丁业升.机械制图[M].北京：北京理工大学出版社，2020.

[22] 陆凤仪.机械原理课程设计[M].3版.北京：机械工业出版社，2020.

[23] 关慧贞.机械制造装备设计[M].5版.北京：机械工业出版社，2020.

[24] 胡立明，张登霞.工程力学与机械设计基础[M].合肥：中国科学技术大学出版社，2020.

[25] 冯建雨，郭术花.机械设计基础课程设计项目指导[M].北京：北京理工大学出版社，2020.

[26] 樊百林，蒋克铸，杨光辉.现代工程机械设计基础[M].武汉：华中科技大学出版社，2020.

[27] 姚寿文，王瑀.虚拟现实辅助机械设计[M].北京：北京理工大学出版社，2020.

[28] 陈革，孙志宏.纺织机械设计基础[M].北京：中国纺织出版社，2020.

[29] 闻邦椿.机械设计手册：机械系统概念设计[M].北京：机械工业出版社，2020.

[30] 赵金玲，许洪振，李伟.机械设计基础[M].成都：电子科技大学出版社，2020.

[31] 安子军.机械原理[M].4版.北京：国防工业出版社，2020.

[32] 杨敏，杨建锋.机械设计[M].武汉：华中科技大学出版社，2020.

[33] 强建国，王富强.新思维机械原理[M].北京：机械工业出版社，2020.

[34] 李艳，黄海洋.机械产品专利规避设计[M].北京：机械工业出版社，2020.